最新 使える!

MATLAB

第3版

青山貴伸

蔵本一峰 [著]

森口肇

組み込みエンジニアにとっても数学・数値計算の知識は重要になってきています。また制御対象のモデリングから制御機構の設計・シミュレーションによる評価はMATLABでシームレスに行うことができます。

UMLやSysMLは良書が出版されています。それに対してMATLABは特定の分野における著作はありますが、MATLABそのものを解説した著作は少ないのが現状です。

本書はMATLABそのものの解説を行っています。「最新 使える!MATLAB第2版」の「便利な手引き書」「はじめてなら、この1冊」というコンセプトを継承しています。

講談社

JN047393

はじめに

　本書のもととなる『使える！　MATLAB』を刊行したのは 2002 年 5 月，今から 20 年も前になります．当時は数学関連のソフトウェアとして MATLAB または Mathematica がよく用いられていました．現在では数値計算ソフトウェアとして MATLAB が De fact standard として産学において幅広く利用されています．

　産業界，特に自動車業界においては制御機器の制御プログラムのコード数は数億に達する勢いです．このコード数はもはや人の手に負えない量になっています．この対策として制御機器の設計・実装に対してモデリングを中心としたモデルベースドソフトウェアエンジニアリング（Model Based Software Engineering：MBSE）やモデルベースデザイン（Model-Based Design/Development：MBD）が活用されています．この MBSE では UML や SysML などで設計を進め，制御機器設計においては制御対象に対する制御機器の設計や実装を MATLAB でシミュレーションを行いながら進めています．このため，組み込みエンジニアにとっても数学・数値計算の知識は重要になってきています．また制御対象のモデリングから制御機構の設計・シミュレーションによる評価は MATLAB でシームレスに行うことができます．

　MBSE で使用される UML や SysML は良著が出版されています．それに対して MATLAB は特定の分野における著作はありますが，MATLAB そのものを解説した著作は少ないのが現状です．本書は MATLAB そのものの解説を行っています．『最新　使える！　MATLAB　第 2 版』の「便利な手引き書」，「はじめてなら，この 1 冊」というコンセプトを継承しています．なお本書で示したコマンド，スクリプトおよび Simulink モデルは Windows11，MATLAB R2022b の環境で動作を確認しています．

　第 1 章から第 7 章までの内容は MATLAB/Simulink のみで実行が可能です．第 8 章では Control system Toolbox が必要になります．使用している MATLAB の環境（バージョンやツールボックスなど）を知るには，ver コマンドを用いて確認することができます．

　主な内容は以下の通りです．

　第 1 章では，MATLAB 初心者でも安心して使っていただけるよう，MATLAB の画面構成をはじめとした基本的な使い方を説明しています．ここでは，行列演算の基礎についても述べています．

　第 2 章では，MATLAB と Excel との連携に関する基本操作を解説します．具体的には，データ処理の自動化を行うために必要な Excel データのインポート，グラフ作成，データの抽出といった内容です．さらに，データのインポートからグラフ化までをスクリプトを作成して実行する方法やコマンドを用いて Excel データをインポー

トする操作も説明します．また，章の最後に，コマンドウィンドウ上でインポート関数を実行することによって，Excel ファイルをインポートする方法を説明します．

第 3 章のテーマはグラフィックスです．ここでは，さまざまな計算結果をグラフに表示する手法を示しています．スクリプトでの処理を考慮し，グラフィックハンドルや各種プロパティでの描画方法を中心として解説しました．

第 4 章は MATLAB でのプログラミングの方法，すなわちスクリプトを作る方法について，数値計算を例に解説しています．スクリプトは，MATLAB を自分の仕事や研究に便利に使えるようにするために必要となってきます．MATLAB のプログラム開発はオブジェクト指向プログラミング（OOP）などでも開発することが可能ですが，紙面の都合上スクリプトのみに限定しています．

第 5, 6 章は MATLAB による微積分および微分方程式の解法についての解説です．物理現象は微分方程式で表現されることがほとんどです．MathWorks 社（MATLAB を開発しているソフトウェア会社）の創設者の 1 人，John N. Little は制御工学の研究者ですので，開発当初から MATLAB と制御工学は非常に相性がよいのです．その制御工学を活用するためにも微積分や微分方程式の知識は必須になります．

第 7 章では GUI 環境でのシミュレーションモデルの構築環境である Simulink の基本的な使い方について解説しています．現在，多くの企業では，MBD では Simulink を使っています．開発環境の De fact standard ともいえる Simulink で，シミュレーションモデルの作成手法をぜひ習得していただきたいと思います．

第 8 章では，古典制御論について説明します．古典制御とは，伝達関数と呼ばれる線形の 1 入出力システムとして表された制御対象を中心に，周波数応答などを評価して望みの動きを達成する理論です．まず，基本要素に対するインディシャル応答と周波数応答について説明し，次に制御系の安定判別を行い，最後に温度制御をはじめとした各種制御に用いられる PID 制御について説明します．

Appendix には，Simulink でブロック線図を作成する際に用いられる代表的なブロックライブラリの一覧と本書に記述したスクリプトの一覧を掲載しました．ブロックライブラリは，そのすべての解説を行うと膨大なページ数を必要とするため，よく使われるブロックについて概要を示しました．また新しく追加された Dashboard ブロックライブラリの基本的な使い方についても解説しています．この Dashboard ブロックはグラフィカルな入出力機能を備えています．そのため，Simulink モデルのテスト・評価などに活用可能です．

著者が執筆時点で見つけたバグの対応などは講談社サイエンティフィクのウェブページに公開してあります．その他のバグなどは Mathworks 社のテクニカルサポートに問い合わせをお願いします．

　本書執筆にあたっては，MATLAB をはじめて使う方がこの本を手に取ってから
すぐに「使える！」ようになっていただくため，必要最小限の記述をこころがけまし
た．MATLAB を用いて，本格的に制御対象のモデリングから詳細設計まで行う場合，
MATLAB の応用的な操作方法はもちろん，幅広い知識（微積分，数値計算，制御理
論や物理現象など）が必要となります．

　それらを踏まえると，本書には 2 つの活用方法があると私たちは考えています．1
つは，MATLAB の基本的な使い方を本当の初歩から習得していただくこと，もう 1
つは，業務や研究で本格的に活用する段階でも，手引き書として身近に置いて使って
いただくことです．

　本書が多くの方の MATLAB 活用のまずは第 1 歩となり，さらに読者のみなさまの
ご活躍に少しでも役立つものとなるならば，非常に幸いです．

　最後になりましたが，本書の執筆にあたり多くの方々にお世話になりました．本書
に掲載した MATLAB のコマンド，スクリプトの実行確認にあたり，MathWorks 社
より MathWorks ブックプログラムによるご協力をいただきました．MathWorks 社の
みなさまにこの場を借りて御礼申し上げます．

2023 年 4 月

著者を代表して青山貴伸

最新 使える! MATLAB 第3版　目次

はじめに

第 7 章　Simulink　―MBD への扉を開けて― ・・・・・・・・・・・・ 177

第 8 章　制御理論（古典制御）への適用　―システム設計にトライしてみよう― ・・・ 212

第1章
MATLAB 入門
―はじめて使う人のために―

　制御対象を含めた開発対象のシミュレーションができる環境で開発を行うことがで
きれば非常に開発期間を短縮することが可能です．このようなときには，数値解析ラ
イブラリが揃った環境であるシミュレーションソフトウェアが適しています．そのよ
うなソフトウェアの1つである MATLAB の基本操作を解説します．

1.1　MATLAB の起動と終了

　基本的な MATLAB の起動方法は，ほかの Windows アプリケーションソフトウェ
アと同じです．通常のインストールを行うと Windows のデスクトップに MATLAB
アイコンができます．これをダブルクリックすれば MATLAB が起動します．あ
るいは，Windows の「スタート■」ボタンをクリックし「すべてのアプリ」から
MATLAB グループを選択し MATLAB を起動します．

　MATLAB の終了は通常のアプリケーションと同じです．MATLAB デスクトッ
プ上のタイトルバー右側にある「閉じる ✕」ボタンをクリックする，あるいはアプ
リケーションのコントロールメニュー（タイトルバーの MATLAB アイコンをクリッ
ク）から「閉じる」を選択します．このとき，保存していないスクリプトなどがあれば
保存するかを確認するダイアログボックスが起動します[1]．また MATLAB は現在の
作業用ディレクトリを記憶しており，次回起動したときにそのディレクトリを作業用
とします[2]．

　MATLAB の終了コマンドには `exit` コマンドと `quit` 関数の2種類があります．一
般的には，この2つの関数に違いはありません．これら終了コマンドを実行すると終
了スクリプト（スクリプトについては第4章参照）finish.m が実行されます[3]．この
finish.m は検索パスが設定されているフォルダーに保存しておきます．

1.2　MATLAB デスクトップのウィンドウ構成

　MATLAB 起動後に表示されるウィンドウを MATLAB デスクトップといいま
す．MATLAB で各種数値計算をするのはこのデスクトップがベースになります．

---

1) MATLAB online では保存の確認のダイアログボックスは表示されません．
2) MATLAB online ではデフォルトの MATLAB Drive が作業用になります．
3) MATLAB online では終了コマンド実行時の finish.m を実行することはできません．

MATLAB を起動すると**図 1.1** に示すような MATLAB デスクトップと呼ばれる
ウィンドウがオープンします．この MATLAB デスクトップは基本的に 3 つのウィン
ドウで構成されています．これらのウィンドウで各種の計算やその計算結果の状態な
どを確認することができます．

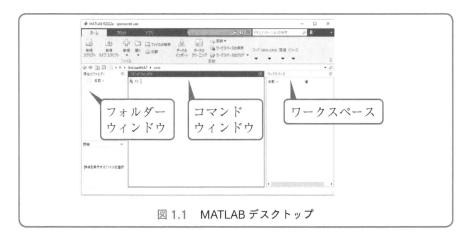

図 1.1　MATLAB デスクトップ

表 1.1　MATLAB デスクトップの各ウィンドウの機能

ウィンドウ名	機能
フォルダーウィンドウ	現在の作業用フォルダー内のファイルを表示．検索パスの最上位．
コマンドウィンドウ	コマンドラインにコマンド・データを入力し，その結果を表示．
ワークスペース	現在使用可能な変数の一覧を表示．ここでも変数の追加・編集が可能．
ツールストリップ	項目（タブ）別にまとめられたツール群．
クイックアクセスツールバー	タイトルバーの右側にある，よく使用する操作をまとめたもの．

1.2.1　デスクトップのユーザインターフェース

MATLAB でさまざまな計算・処理を行うのにユーザインターフェースを活用す
ることは非常に有用です．MATLAB の操作は**表 1.1** に示した各種ウィンドウで行い
ます．その他にもコマンド履歴，ヘルプブラウザー，関数ブラウザーなど各種のウィ
ンドウがあります．

いくつかのウィンドウをデスクトップと分離したウィンドウにすることができま
す．これを「ドックから出す」といいます．また分離したウィンドウを逆にドッキング
することができます．これによりユーザにとって使いやすいウィンドウの配置にする

ことができます.

1.2.2 コマンドウィンドウ

これらのウィンドウの中で,最も基本となるウィンドウです.コマンドウィンドウ内のプロンプト(>>)とIカーソルが点滅している行がコマンドラインです.このコマンドラインに必要とするデータや関数・式などのコマンドを入力していきます.入力が終了すればエンターキーを入力して入力したコマンドを実行します.MATLABは基本的にインタープリタで動作しますので,コマンドを入力すれば即座に実行されます.

基本は1行に実行したいコマンドを入力しますが,複数行に入力したいときは継続記号(連続したピリオド3つ ...)を行の最後に入力します.継続記号を入力すればエンターキーを入力しても実行されず次の行にコマンドを入力することが可能となります.継続を終了したいときは継続記号を付けずにエンターキーを入力します.これにより複数の行に入力されたコマンドが実行されます.

1.2.3 ワークスペース

コマンドウィンドウでさまざまな計算を行う場合,一般的には変数にデータや計算結果を格納します.ワークスペースは現在どのような変数が使用されたか,あるいは使用できるかの一覧を表示するウィンドウです.変数の型がアイコンで表現されており,一目でどのようなデータ型であるかが把握できるようになっています.データのクラス(型)も同じようにアイコンで表記されています.**表1.2**に主なデータ型アイコンを示します.場合によってはクラスが表示されていない場合もありますが,ワークスペースの余白を右クリックしてポップアップメニュー(コンテキストメニュー)の「列選択」から「クラス」を選択することで表示することができます.

表 1.2　データ型アイコン

アイコン	型	備考
⊞	数値型	倍精度浮動小数点型（double 型）が基本．単精度浮動小数点型（single 型）の変数を作成することも可能．整数（符号付き／符号なしを含む）を表すこともできる．整数型は 8 ビット長（int 型），16 ビット長（int16 型），64 ビット長（int64 型）を選択し生成することが可能．
ch	char 型	UTF-16 を格納するための文字配列．UTF-16 列は個別または全体をシングルクォートで囲む．char 型配列は行数，列数の文字数は同じであること．
str	string 型	文字列を string 型として保持．要素を 1 つのオブジェクトとして保持するため，文字数が異なる string 型から配列を作成することも可能．
✓	logical 型	論理演算，比較演算結果の値．論理値 1 が真（true）／論理値 0 が偽（false）を表す．
⊢E	構造体型	ほとんどのプログラミング言語に実装されている複合型データ構造．構造体変数内のフィールドと呼ばれる識別子で異なるデータ型を識別している．
{}	cell 配列型	構造体と同じように異なるデータ型を保持できる．配列のインデックスで保持データを指示する点が構造体と異なる．

1.2.4　コマンド履歴

　過去に入力したコマンドを参照したいときや再実行したいときがよくあります．そのようなとき，「コマンド履歴」機能を使用することができます．コマンドウィンドウが選択されている状態（プロンプトの横に I カーソルが点滅している状態）でキーボードのカーソル上移動のキー（↑）を押すと今までの入力コマンドのリストがポップアップ表示されます（**図 1.2**）．このリストから再度実行したいコマンドを選択，編集しながら再実行することができます．コマンド履歴では，コマンドによる検索やそのコマンドを実行した日時は必ず表示されますから，再実行したいコマンドを見つけることができます．

　またコマンド履歴から必要とするコマンドを複数選択し，スクリプトファイル（第 4 章参照）を作成することが可能です．連続した複数行を選択する場合，キーボードのシフトキーを押しながらカーソルを移動していきます．また，不連続な行の選択はコントロールキーを押しながら選択します．選択した行はコピーアンドペーストでエディターに貼り付けをすることができます．あるいはショートカットメニューからス

クリプトファイルにまとめることができます.

```
n=4;
A=gallery('binomial',n);
A
inv(A)
help lu
[L,U]=lu(A)
B=L*U
det(A)
A==B
fx >> A==B
```

図 1.2　コマンド履歴の表示

1.3　MATLABのヘルプ機能

　MATLABは数値計算用ソフトウェアなので,数値計算関連の関数・コマンドは非常に充実しています.また,インストールされているツールボックスの種類によっては膨大な数に上る関数などが実装されています.このような中で目的とする関数・コマンドを探し出すのは膨大な時間を要します.そのため,MATLABにはさまざまなユーザ支援機能が実装されています.MATLABのヘルプ機能もその1つです.

1.3.1　オンラインヘルプ機能

　オンラインヘルプを使いたいときには,基本的にコマンドラインから **help** ○○○と入力します.ここで,○○○には参照したいコマンドや関数名を入れます.これによりコマンドウィンドウ上に○○○のオンラインヘルプの概要が表示されます(**図1.3**).このオンラインヘルプの内容は基本的にコマンドの入出力書式を確認するものです.具体的な内容を知るためには「○○○のドキュメンテーション」とリンクされたメッセージをマウスでクリックするか,コマンドラインから **doc** ○○○と入力します.これにより,ヘルプブラウザーが開かれます.たとえば **ode45** のドキュメントをヘルプブラウザーで表示するにはコマンドラインから **doc ode45** と入力します.

図 1.3　**help ode45** のヘルプ参照例

1.3.2　ヘルプブラウザー

　コマンドラインで引数なしで **doc** と入力するか，**図 1.4** のように「ホーム」ペインの「リソース」のヘルプ  をクリックすることでヘルプブラウザーをオープンすることができます．ショートカットメニュー F1 からでもオープンすることができます．

図 1.4　ヘルプブラウザーのオープン

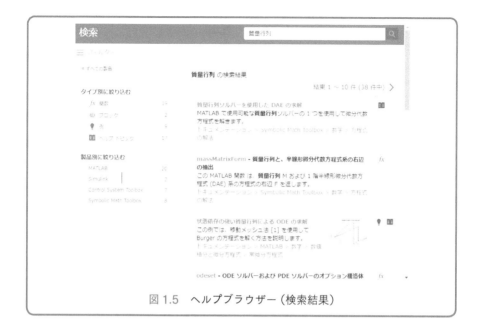

図 1.5　ヘルプブラウザー（検索結果）

　このヘルプブラウザーは，知りたいキーワードを入力すると，それに関連するドキュメントを検索してくれます（**図 1.5**）.

　インストールされているツールボックスの適用分野から具体的なツールボックスのヘルプを参照することもできます. また，ツールの例題から注目している項目に関連しそうな例題をみることもできます. これにより MATLAB のツールボックスでどのように問題を解決するかのヒントを得ることができます.

1.3.3　関数ブラウザー

　コマンドラインの左側に **fx** と付いた箇所をマウスでクリックすると，関数ブラウザーがポップアップ表示されます（**図 1.6**）. この関数ブラウザーは 2 段に分かれており，上段は検索したいキーワードを入力するテキストボックスになっています. 検索するキーワードは関数名，あるいは関数名の一部です. 下段はカテゴリ別になっています. 上段にキーワードを入れると検索結果が表示されます. デフォルトではインストールされているすべての製品の関数一覧が表示されます.

図1.6　関数ブラウザー

1.4 行列の基本

MATLAB の名前の由来が Matrix Laboratory であることからもわかるように，MATLAB は行列演算をベースに置いています．この行列は工学や理学分野でさまざまな問題を解析するのに活用されています．また，行列演算は数値計算を行う際に基礎となるものの1つです．数値計算においては，方程式を行列に拡張して計算を実行します．実際，MATLAB に限らず，数値計算ライブラリのドキュメントには行列の名称がさかんに出てきます．したがって，数値計算を行うにも行列の考えが必須になります．

ここでは，基礎的な行列の性質について，その概要を示します．ただし，MATLAB を扱ううえで必要なことに絞って解説していきます．行列についてのより本格的な解説が必要だと感じたら線形代数に関する文献を，各種アルゴリズムについての詳しい説明がほしいと思ったら数値計算やアルゴリズムについての文献をそれぞれ参照してください．

1.4.1 行列の定義

ここでの行列の定義を下記のようにします（あくまでも，MATLAB を扱ううえでの定義であって，厳密な数学上の定義とは必ずしも一致していないこともあります）．

・任意の規則に基づいて数値または変数を集めたもの

（数値または変数を要素といい，行列はその要素の集合体）

・ある任意の列の要素数とほかの列の要素数が同じであるもの

（行の要素数についてもこの定義が適用される）

　概念的には，プログラム言語での配列と同じようなイメージになります．同じようなものにベクトルの概念があります．このベクトルは1つの列または行のみで構成されている行列とみなすことができます．要素が1つの場合，スカラーと呼ばれています．このスカラーは数値になります．

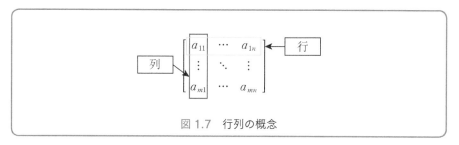

図 1.7　行列の概念

　行列の数学上の表記方法は**図 1.7** の通りです．まず，要素のまとまりをブラケット [] または小カッコ () で囲みます．また，行列全体は大文字の英字（太字）で表されます．小文字の太字でベクトルを表します．行の数が m，列の数が n の行列を $m \times n$ 行列と表現することもあります．

1.4.2　行列の種類

　MATLAB のヘルプやドキュメントにはいろいろな行列名が登場します．行列についての知識がある程度あれば，ヘルプやドキュメントなどに記載されたことを理解することが早くなります．**表 1.3** に最低限の基礎的な行列の概要を記載しておきます．

表 1.3　基礎的な行列の種類

行列のタイプ名	行列の外観
密行列（dense matrix）	$$\begin{bmatrix} a_{11} & \cdots & a_{1n} \\ \vdots & \ddots & \vdots \\ a_{m1} & \cdots & a_{mn} \end{bmatrix}$$ において，要素 a_{ij} $(i=1,\cdots,m,\ j=1,\cdots,n)$ のどの i,j についても，a_{ij} がすべて 0 以外の値である行列．
疎行列（sparse matrix）	ところどころの要素が 0 である行列．

正方行列（square matrix）	行の数と列の数が等しい行列.
帯行列（band matrix）	行列内の対角要素周辺に帯状に0でない可能性のある要素が並び，ほかの要素は全部0となっている正方行列. 正確には，$\|i-j\|>m$である要素a_{ij}がすべて0となっているものを帯幅$2m+1$の帯行列という. 特に，$m=1$の場合，すなわち帯幅3の帯行列（$\|i-j\|>1$の要素がすべて0になる行列）のことを，三重対角行列（tridiagonal matrix）という.
対角行列（diagonal matrix）	要素$a_{ij}\,(i\neq j)$が0になる正方行列.
対称行列（symmetric matrix）	$a_{ij}=a_{ji}$となる正方行列. この行列を$\mathbf{A}$とすると，行列$\mathbf{A}$の特性として$\mathbf{A}=\mathbf{A}^{\mathrm{T}}$（右肩にある T は行列の転置を表す）があり，計算負荷，記憶容量，固有値特性など有利な面がある.
三角行列（triangular matrix）	下三角行列（lower triangular matrix）と上三角行列（upper triangular matrix）がある. 下三角行列は$i<j$であるa_{ij}がすべて0になる正方行列. 上三角行列は$i>j$であるa_{ij}がすべて0になる正方行列.
ヘッセンベルグ行列（Hessenberg matrix）	上三角行列に似ている. $i>j+1$ならば要素a_{ij}が0になる正方行列を上ヘッセンベルグ行列（upper Hessenberg matrix）という.
直交行列（orthogonal matrix）	転置行列が逆行列となるような行列. すなわち，正方行列$\mathbf{A}$で，$\mathbf{A}^{-1}=\mathbf{A}^{\mathrm{T}}$が成り立っているもの. この行列を複素数に拡張したものにユニタリ行列（unitary matrix）がある.
置換行列（permutation matrix）	どの行，列にも1個の1があり，その他の要素はすべて0になる正方行列. ある置換行列$\mathbf{P}$を行列$\mathbf{A}$に左から掛けることは，行列$\mathbf{A}$の行の順序を並べ替えることに相当し，行列$\mathbf{A}$に右から掛けることは，行列$\mathbf{A}$の列の順序を並べ替えることに相当する.

1.5　行列の生成（MATLABのデータ入力）

　これからMATLABでさまざまな計算を行います. そのためには，まず，計算のもとになる行列（データ）を作成します. 一般に行列（データ）は変数に代入します.

1.5.1 変数名の命名規則・定数

変数名の命名規則は

・英数文字で構成
・先頭に数字またはアンダーラインは不可
・算術演算子，小数点，ピリオドなどの特殊記号を含めることは不可
・アルファベットの大文字，小文字は区別
・MATLAB キーワードの変数名は不可
・関数名・コマンドと同じ変数名は動作の保証はされない

です．変数名の最大文字数は環境により異なりますが，現在使用している環境の最大文字数は変数 `namelengthmax` で知ることができます．ただ長い変数名はタイプミスを誘発しやすくなるのでなるべく避けるべきです．関数名と変数名が同じ場合，動作は保証されません．ユーザ関数や変数が優先されます．したがって，ユーザ関数名や変数名を変更するまで影響は残ります（この場合，`clear` 変数名や `clear functions`を実行してメモリ上から削除します）．使用する変数名が関数名・コマンドであるかは `exist` 関数で確認することができます．また MATLAB キーワードは `iskeyword`関数で確認することができます．これらの詳細はオンラインヘルプを参照してください．

さらに変数名のネーミングで注意すべき点としては，定数名（MATLAB がもっている定数名，あるいは MATLAB の実行に必要な変数）を使うと，その変数をクリアするまでその定数は使用することができなくなります．**表 1.4** にすべてではありませんが主な定数名（正確には関数名）を示します．

表 1.4　主な定数名

定数名	意味
`eps`	浮動小数点相対精度．
`flintmax`	浮動小数点形式の最大連続整数．
`i,j`	虚数単位．
`inf`	無限大．IEEE 476 で規定．
`pi`	円周と直径の比．
`NaN`	非数．IEEE 476 で規定．
`pwd`	現在のカレントフォルダー名．

1.5.2 行列（データ）の入力

　一般的に行列は変数に保持されます．前記したように MATLAB では変数の大文字と小文字は明確に区別されます．行列の入力の規則は

・各要素はブランクまたはコンマで区切る
・行列内の各行は ; で区切る
・要素全体を【　】で囲む
・コマンド，式の直後の ; で結果表示抑制（直前の計算結果を表示しない）
・ピリオド3つ ... で行をまたいで次の行に続くことを示す（ただし，数字または変数の後には小数点との区別のためにピリオドの前にスペースを入れる）

です．

　また，変数名は宣言や定義をしなくても使用することができます．当然，未使用の変数の値を参照するような場合には，事前にその変数に値を代入しておく必要があります．

　変数名やコマンド入力時の単純なスペルミスについては，**図 1.8** に示したように MATLAB が推定してくれます．しかし変数名はスペルミスを少なくするためになるべく短めにして意味をもたすべきです．またユーザが変数名を認識しやすくするためにプログラム言語でよく用いられるハンガリー記法を使用するのも有用でしょう．

```
>> A=[1 2 3; ...
      4 5 6; ...
      7 8 9];
>> B=a*ones(3)
関数または変数 'a' が認識されません。

もしかして:
>> B=A*ones(3)
```

```
>> formt long
関数または変数 'formt' が認識されません。

もしかして:
>> format long
```

   (a)　変数名のタイプミス　　　　(b)　コマンドのタイプミス

図 1.8　MATLAB の変数名やコマンドの推定

　ベクトルは $n \times 1$ 行列（縦ベクトル），または $1 \times n$ 行列（横ベクトル）として作成します．また縦ベクトルから横ベクトルに変換する場合には，ベクトル名の直後に転置演算の記号（.'）を付けます．この被共役転置（.'）は複素数に対して共役複素数にせず，そのまま転置します．転置演算（'）は複素数に対して共役複素数をとって転置します．本書では主に実数の演算を扱うため，どちらでも演算結果は同じになります．当然のことながら，この転置演算は $m \times n$ 行列にも適用することができます．

例 1.1（行列，ベクトルの生成）

次に示す 2 つの行列 **A**，**P**，ベクトル **b** を作成します.

$$\mathbf{A} = \begin{bmatrix} 1 & 2 & 3 \\ 4 & 5 & 6 \\ 7 & 8 & 9 \end{bmatrix}, \quad \mathbf{P} = \begin{bmatrix} 1 & 0 & 0 \\ 0 & 0 & 1 \\ 0 & 1 & 0 \end{bmatrix}, \quad \boldsymbol{b} = \begin{bmatrix} 1 \\ 2 \\ 3 \end{bmatrix}$$

コマンド	実行結果
`>>A = [1 2 3;4 5 6;7 8 9]`	`A =`
	`    1    2    3`
	`    4    5    6`
	`    7    8    9`
`>>P = [1,0,0;...`	`P =`
`     0,0,1;...`	`    1    0    0`
`     0,1,0]`	`    0    0    1`
	`    0    1    0`

ベクトル **b** の要素は等間隔になっているので，要素の始点，終点および間隔を指定する入力も可能です.

コマンド	実行結果
`>>b = (1:1:3)'`	`b =`
	`    1`
	`    2`
	`    3`

縦ベクトル **b** の生成，`b = (1:1:3)'` をみてみましょう. このコマンドの右辺のカッコ内は，一般には

（始点の値：刻みの値：終点の値）

で，これで要素が等間隔の数値であるベクトルが生成できます. また，カッコにダッシュ (`'`) を付けて，転置を表しています. 始点，終点，刻みを指定する方法でベクトルを生成すると横ベクトルになります. そこで横ベクトルの転置を実行し縦ベクトルに変換しています.

ほかにも行列やベクトルを生成する関数が豊富に用意されています. ここではよく使うベクトル生成関数 `linspace` を使ってみましょう. この関数 `linspace` の第 1 引数は要素の始点，第 2 引数が要素の終点，第 3 引数は要素数です. ただし，第 3 引数は省略可能で，省略時は要素数が 100 に設定されています. この `linspace` 関数で生

成されるのは横ベクトルです. しかしここではカッコにダッシュが付いているので縦ベクトルになります.

コマンド	実行結果

>> a=linspace(2,10,5)'	a=
	
	    2
	    4
	    6
	    8
	   10

1.5.3 行列 (データ) の修正

先ほどの行列 **A** のある要素を修正したいとします. 修正する要素の位置は行数と列数を用いて指定します. たとえば, 3行目, 1列目の要素 a_{31} を 10 に変更したいとします. このとき小カッコで行数, 列数を指定します. ただし行列・配列のインデックスは行数も列数も 1 から始まります.

コマンド	実行結果

>> A(3,1) = 10	A =
	
	    1 2 3
	    4 5 6
	   10 8 9

MATLAB の場合, 連続した要素を指定することは簡単です. 行列 **A** の1行目のすべての列数を指定するには **A(1,1:end)** とします. このときの **end** は要素の最後を指示しています. あるいは **A(1,:)** としても同じです. 例として **A** の1行目のすべての列の要素を1に置き換えます.

コマンド	実行結果

>> A(1,1:end) = ones(1,3)	A =
	
	    1 1 1
	    4 5 6
	   10 8 9

行列 **A** の1行目の1列目から最後までの要素 (この場合はベクトル) にすべての要素が1のベクトル (**ones(1,3)**) を代入します (**ones** 関数の詳細は 1.11 節 **表 1.6** またはオンラインヘルプを参照してください).

1.5.4　変数エディター

　ここまで，行列データの入力はコマンドラインから行ってきました．この方法は MATLAB でのデータ入力の基本となっていますが，初心者にとっては入力データとワークスペース上のデータのイメージが一致しづらいものです．

　MATLAB には GUI を備えたデータ入力機能が実装されています．「ホーム」ペインの変数グループ内の「変数」をクリックし，**図 1.9**に示すようなポップアップから変数を指定して変数エディターを起動します．そこで，「変数」→「変数を開く」から編集したい変数名を選択することができます．あるいはワークスペース内の変数リストから編集したい変数名を右クリックして，ショートカットメニューの「選択を開く」としても変数エディターを開くことができます（**図 1.10(a)**）．

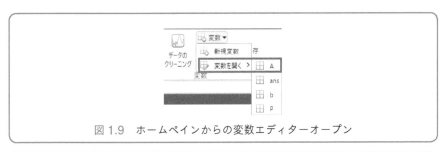

図 1.9　ホームペインからの変数エディターオープン

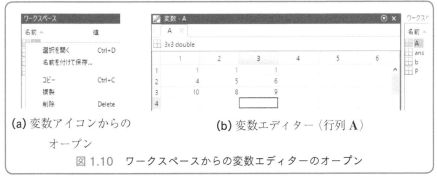

(a) 変数アイコンからの　　　　　　(b) 変数エディター（行列 **A**）
　　オープン

図 1.10　ワークスペースからの変数エディターのオープン

　図 1.10(b)に行列 **A** を変数エディターでオープンした状態を示します．図からわかるように表計算ソフトのようなエディターになっていますので，行列のイメージに近い状態で編集ができます．セルの中には 1 つの値を計算するような式・関数を入力することはできますが，ベクトル・行列を返すような関数などを入力することはできません．値，式または関数を入力するとすぐに計算され，その結果が変数内に代入されます．セルの移動はカーソル移動キーでできます．またはタブキーでセルを右側に移動，シフトキー＋タブキーで左側に移動することができます．

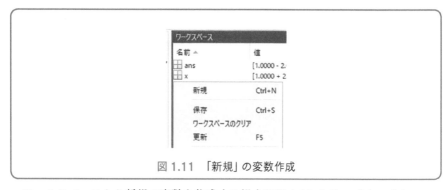

図 1.11　「新規」の変数作成

　ワークスペースから新規の変数を作成する場合は**図 1.11** のポップアップメニュー内の「新規」を選択します．この場合，変数名が「**unnamed**」となりますので，名前の修正を行います．名前の修正は変数エディターの変数名タブをクリックすることで編集することができます．またワークスペース上でポップアップメニューから編集することもできます．変数エディターとワークスペース内の変数はリンクされており，その変更は素早く反映されます．この変数エディターで新規作成できるのは実数型の行列のみです．ほかのデータ構造の変数（構造体や **cell** 配列など）はそれぞれ専用の関数などで作成します．

例 1.2　（2 × 2 ヒルベルト行列の作成）

　2 × 2 ヒルベルト行列 **hlb2** を変数エディターを使って作成してみます．ヒルベルト行列は要素が $H_{ij} = \dfrac{1}{(i + j - 1)}$ となる行列です．

1. 「ホーム」ペイン「変数」グループ内の「変数」から「新規変数」を選択
2. 変数エディターの変数名タブ「**unnamed**」をクリックし，「**hlb2**」に変更
3. 変数 **hlb2** の各セルに**図 1.12** 右側の式を入力

	1	2
1	1/(1+1-1)	1/(1+2-1)
2	1/(2+1-1)	1/(2+2-1)

図 1.12　**hlb2** の作成結果

1.5.5　出力フォーマット

MATLAB には，表示の桁数をコントロールするステートメントが装備されています．計算結果の精度をコントロールするためには，**format** 関数と，その後に続くキーワードで設定します．**表 1.5** に **format** に続くキーワードをまとめました．

表 1.5　format キーワード

キーワード	意味	例
数値表現（Numeric Format）		
short	小数点以下 4 桁の固定小数点表示．	3.1416
long	小数点以下 15 桁の固定小数点表示．	3.141592653589793
shortE	小数点以下 4 桁の浮動小数点表示．	3.1416e+00
longE	小数点以下 15 桁の浮動小数点表示．	3.141592653589793e+00
shortG	5 桁の固定小数点または浮動小数点の最良表示．	3.1416
longG	倍精度に対して 15 桁，短精度に対して 7 桁の浮動小数点表示．	3.14159265358979
hex	16 進表示．	123456789abcdef0
bank	ドル，セント表示．	3.14
raticnal	分数表示．	123/456
+	符号の表示．＋，－またはブランク（0 の意味）が出力される．	+
行間制御（Display Spacing）		
compact	余分な空行を削除 format("compact")	>>w=pi/2 w=1.5708
loose	出力をより読み取りやすくするために空行を追加（デフォルト値） foomat("loose")	>>w=pi/2 w= 　1.5708

一般に，大きな値や小さな値を表現するときには，指数表現 $10^{\circ\circ}$ を用いますが，コマンドなどではこの指数表現ができません．そこで **表 1.5** のように **e+ ○○** や **e- ○○** のように表現します．**me+n** は $m \times 10^n$，**me-n** は $m \times 10^{-n}$ を示しています．デフォルト（**short**）にするには，R2021a 以降は引数なしの **format** 関数は非奨励になっているので，**format("default")** と入力します．

コマンド	実行結果

`>> frm1 = format("default")`	`frm1 =`
	　　`DisplayFormatOptions` のプロパティ :
	　　　　`NumericFormat: "short"`
	　　　　`LineSpacing: "loose"`

　行間制御の `LineSpacing` プロパティは明確に `"loose"` パラメータを引数に渡す必要があります.

　計算結果の精度は設定ダイアログボックスからでも設定可能ですが, `format` 関数を用いると, スクリプト M-ファイル (第4章) からでも自由にコントロールすることが可能になります. `format +` とすると, 行列変数の要素の符号が出力されます. これは, 符号が変化するタイミングをみたいとき (たとえば, 方程式の解の大雑把な値を知りたいとき) などに便利です.

1.6　行列の演算と配列演算

　MATLAB では行列演算が基本です. したがって加算演算 (+), 減算演算 (-),アスタリスク (*) は行列同士の演算になります. 行列同士の加算, 減算は同じ行, 列の要素ごとに加算, 減算を行います. 当然のことながら, 加算, 減算を施す被演算側,演算側の行列のサイズ (行数同士, 列数同士) は一致していなければなりません.

　ただし, MATLAB では,「暗黙の拡張」によって行列とスカラーとの加算, 減算が可能です. この「暗黙の拡張」は MATLAB 固有の計算になります.

$$A = \begin{bmatrix} 1 & 1 & 1 \\ 4 & 5 & 6 \\ 7 & 8 & 9 \end{bmatrix}, \quad P = \begin{bmatrix} 1 & 0 & 0 \\ 0 & 0 & 1 \\ 0 & 1 & 0 \end{bmatrix}$$

コマンド	実行結果

`>> c = 2;`
`>> Ad2 = P+c　% 暗黙の拡張`
	`Ad2 =`
	　　　　`3`　　　`2`　　　`2`
	　　　　`2`　　　`2`　　　`3`
	　　　　`2`　　　`3`　　　`2`

　上の結果から, この「暗黙の拡張」は, 被演算行列との演算を行うために, 被演算行列のサイズ (行数, 列数) に対し, 要素がすべて1の行列を c 倍した演算行列を加算しています. この「暗黙の拡張」は行列演算というよりも配列処理ですので, 注意が必要です.

コマンド	実行結果
`>> C = c*ones(3)`	注）`ones(3)` はすべての要素が 1 の 3 × 3 行列
`>> Ad3 = P+C`	`Ad3 =`

$$\begin{array}{ccc} 3 & 2 & 2 \\ 2 & 2 & 3 \\ 2 & 3 & 2 \end{array}$$

行列の乗算の演算として，2つの行列 A と B の積 $C = AB$（A，B の順番に注意）を考えてみます．

C の各要素は

$$c_{ij} = \sum_{k=1}^{m} a_{ik} b_{kj} \quad (i = 1,\ 2,\ \cdots,\ l, \quad j = 1,\ 2,\ \cdots,\ n)$$

で定義されます．このとき，計算できるためには，

A：$l \times m$ 行列

B：$m \times n$ 行列

でなければなりません．そして

$C = AB \qquad C：l \times n$ 行列

となります．

今，A，B が正方行列とすると，一般には

$AB \neq BA$

です．すなわち，行列の乗法では交換法則は成り立ちません．したがって，行列の右左どちらから掛けるかが重要になります．

行列の演算で，スカラーと行列の積も多用されます．スカラーと行列の積は，行列の各要素をスカラー倍したものになります．当然のことながら演算結果も行列となります．また，スカラー倍の場合，交換法則は成り立ちます．

例 1.3（行列の和，差，スカラー倍）

例 1.1 で生成した行列（`A, P`）の加算（`Y1 = A + P`），減算（`Y2 = A - P`），およびスカラー倍（`Y3 = 3*A`）を計算します．ここで，行列 A および P を再記します．

$$A = \begin{bmatrix} 1 & 2 & 3 \\ 4 & 5 & 6 \\ 7 & 8 & 9 \end{bmatrix}, \quad P = \begin{bmatrix} 1 & 0 & 0 \\ 0 & 0 & 1 \\ 0 & 1 & 0 \end{bmatrix}$$

コマンド	実行結果

`>> Y1 = A + P`	Y1 =
	
	    2 2 3
	    4 5 7
	    7 9 9

`>> Y2 = A - P`	Y2 =
	
	    0 2 3
	    4 5 5
	    7 7 9

`>> Y3 = 3 * A`	Y3 =
	
	    3 6 9
	   12 15 18
	   21 24 27

例 1.4 （交換則非成立の確認）

4 × 4 のフランク行列（Frank matrix）の MATLAB 変数 `frk` と 4 × 4 のヒルベルト行列（Hilbert matrix）の MATLAB 変数 `hlb` の積を計算します。ここで、積 `frk*hlb` と `hlb*frk` が一致するかを確認します。比較するために比較演算子 `==` を使って一致する要素をみます。

フランク行列は、テスト行列として、`gallery` 関数で呼び出すことができます。ヒルベルト行列は、`hilb` 関数で求めることができます。

フランク行列は

$$\text{フランク行列の } (i, j) \text{ 成分} := \begin{cases} i & i \leq j \text{ のとき} \\ j & \text{その他のとき} \end{cases}$$

で定義されますが、MATLAB の `gallery` 関数でフランク行列を求めると、行列式が 1 のヘッセンベルグ行列が返ってきます。ヘッセンベルグ行列とは、**表 1.3** で紹介したように、対角成分の 1 つ下まで 0 とは限らない要素がある行列をいいます。

ヒルベルト行列は

$$\text{ヒルベルト行列の } (i, j) \text{ 成分} := \frac{1}{i + j - 1}$$

で定義されます。

コマンド	実行結果

```
>> %Frank 行列の生成
>> frk = gallery('frank',4)     frk =

                                     4    3    2    1
                                     3    3    2    1
                                     0    2    2    1
                                     0    0    1    1

>> %Hilbert 行列の生成
>> hlb = hilb(4)                hlb =

                                   1.0000    0.5000    0.3333    0.2500
                                   0.5000    0.3333    0.2500    0.2000
                                   0.3333    0.2500    0.2000    0.1667
                                   0.2500    0.2000    0.1667    0.1429

>> Y1 = frk*hlb;Y2 = hlb*frk;
>> Y1 == Y2                     ans =

                                   4 × 4 の logical 配列
                                     0    0    0    0
                                     0    0    0    0
                                     0    0    0    0
                                     0    0    0    0
```

MATLAB での比較演算子の結果の 1 は真（true）を，0 は偽（false）を表します．比較演算子の結果（**ans**）よりすべての要素が 0 になっていることが確認できます．すなわち，**Y1** と **Y2** の各要素が一致していないことが確認できます．

MATLAB は行列と配列両方のデータを取り扱うことができます．行列については今までの演算でみてきました．配列としての演算は要素同士の演算になります．加算演算と減算演算は要素同士の演算になりますので，行列演算と同様に計算することができます．しかし要素同士の乗算はピリオドとアスタリスクを併用して記述します．また除算はピリオドとスラッシュを併用して記述します．

例 1.5 配列同士の乗算

次の 2 つの行列を配列として要素同士の乗算と除算を計算します．

$$A = \begin{bmatrix} 1 & 3 \\ 2 & 4 \end{bmatrix}, \ B = \begin{bmatrix} 5 & 7 \\ 6 & 8 \end{bmatrix}$$

コマンド	実行結果
`>> A = [1 3;2 4]; B= [5 7;6 8];`	
`>> A .* B`	`ans =`
	`      5      21`
	`     12      32`
`>> A ./ B`	`ans =`
	`     0.2000     0.4286`
	`     0.3333     0.5000`

1.7 連立方程式における行列の活用例

　ここでは，$\mathbf{A}x = b$ のような行列で構成された方程式を行列方程式と呼びます．連立方程式の解を求めるときに行列演算を活用します．たとえば，下記のような連立方程式を行列方程式として計算します．

$$\begin{cases} x_1 = 1 \\ x_2 + 2x_3 = 2 \\ x_2 + x_3 = 3 \end{cases} \Rightarrow \begin{cases} 1x_1 + 0x_2 + 0x_3 = 1 \\ 0x_1 + 1x_2 + 2x_3 = 2 \\ 0x_1 + 1x_2 + 1x_3 = 3 \end{cases}$$

$$\therefore \begin{bmatrix} 1 & 0 & 0 \\ 0 & 1 & 2 \\ 0 & 1 & 1 \end{bmatrix} \begin{bmatrix} x_1 \\ x_2 \\ x_3 \end{bmatrix} = \begin{bmatrix} 1 \\ 2 \\ 3 \end{bmatrix}$$

$$\mathbf{A}x = b \quad \because \quad \mathbf{A} = \begin{bmatrix} 1 & 0 & 0 \\ 0 & 1 & 2 \\ 0 & 1 & 1 \end{bmatrix}, \ x = \begin{bmatrix} x_1 \\ x_2 \\ x_3 \end{bmatrix}, \ b = \begin{bmatrix} 1 \\ 2 \\ 3 \end{bmatrix}$$

　ここで $\mathbf{A}$ を係数行列，b を定数項ベクトルといいます．スカラーの場合は $ax = b$ の x は両辺を a で割る（$x = \dfrac{b}{a}$）ことで求めることができます．しかし，行列方程式の場合は係数行列 $\mathbf{A}$ で除算するわけにはいきません．そこで x の式の見方を変えて

$$x = \frac{1}{\mathbf{A}} b$$

行列 $\mathbf{A}^{-1}$（イメージとして $\dfrac{1}{\mathbf{A}}$）とベクトル b の積として考えます．行列 $\mathbf{A}^{-1}$ は逆行列と呼ばれます．この逆行列 $\mathbf{A}^{-1}$ は正方行列 $\mathbf{A}$ に対して

$$\mathbf{A}^{-1}\mathbf{A} = \mathbf{A}\mathbf{A}^{-1} = \mathbf{I} \quad \because \quad \mathbf{I} \text{は単位行列（対角要素がすべて 1 の対角行列）}$$

が成り立つような行列のことをいいます. 行列 A の逆行列 A^{-1} が存在するためには

・行列 A が正方行列であること
・行列 A の階数が行列 A の行数と等しいこと

が必要条件になります. 任意の正方行列 A に逆行列 A^{-1} が存在するとは限りません.
MATLAB には, 逆行列を求める関数として, inv 関数があります.

コマンド	実行結果

`>> A = [1 0 0;0 1 2;0 1 1]`	`A =`
	 `    1    0    0`
	 `    0    1    2`
	 `    0    1    1`

`>> invA = inv(A)`	`invA =`
	 `    1    0    0`
	 `    0   -1    2`
	 `    0    1   -1`

`>> rank(A),size(A)`	`ans =`
	 `    3`
	 `ans =`
	 `    3    3`

　ここで行列 A の階数 (rank 関数) と, 行列 A のサイズ (行数, 列数) も計算してい
ます. この結果, 行列 A の階数が 3, 行列 A の行数も 3 になっています. したがって
逆行列 A^{-1} が存在する可能性があります.
　次に, 同じように行列 B を作成して逆行列と階数を計算します. ただし行列 B は行
列 A を改造したもので, 行列 A の要素の整合性をくずしています.

コマンド	実行結果
`>> B = A;B(2,:) = A(3,:)*2`	B = 1 0 0 0 2 2 0 1 1
`>> invB = inv(B)`	警告：行列が特異なため、正確に処理できません。 invB = Inf Inf Inf Inf Inf Inf Inf Inf Inf
`>> rank(B),size(B)`	ans = 2 ans = 3 3

　行列 **B** の逆行列は存在しません．その結果，警告が表示され要素は無限大（`Inf`）になっています．今回の行列 **B** の階数とサイズをみてみると，階数は 2，行数は 3 と異なった値となっているのが確認できます．

　数値計算で連立方程式の解を求めるときには，行列方程式に変換します．この解を求めるには，係数行列の逆行列を求めずに拡大係数行列（係数行列と定数項行列〈あるいは定数項ベクトル〉を連結した行列）を用いるか，ガウス - ジョルダン法（Gauss-Jordan elimination）などの掃き出し法を用いて計算します．拡大係数行列を用いて連立方程式の解を求めるには `rref` 関数（行縮小化階段型）を用います．掃き出し法を用いた連立方程式の解は左除算演算子を用います．除算演算子は左除算演算子（日本語環境では ¥，英語環境では \），右除算演算子（/）の 2 つがあります．

例1.6（拡大係数行列から解を求める 2 つの方法）

　係数行列を 4×4 行列のヒルベルト行列として，定数項ベクトルを $b = (1 \quad 2 \quad 3 \quad 4)'$ としたときの解ベクトル x を `rref` 関数と左除算演算子を用いて求めてみます．

コマンド	実行結果
>> hlb = hilb(4)	hlb =
	1.0000　0.5000　0.3333　0.2500
	0.5000　0.3333　0.2500　0.2000
	0.3333　0.2500　0.2000　0.1667
	0.2500　0.2000　0.1667　0.1429
>> b = (1:4)';	
>> A = [hlb b]	A =
	1.0000　0.5000　0.3333　0.2500　1.0000
	0.5000　0.3333　0.2500　0.2000　2.0000
	0.3333　0.2500　0.2000　0.1667　3.0000
	0.2500　0.2000　0.1667　0.1429　4.0000
>>x = rref(A)	x =
	1　0　0　0　- 64
	0　1　0　0　900
	0　0　1　0　- 2520
	0　0　0　1　1820
>>% 解の取り出し	
>>x = x(:,5);x'	ans =
	- 64　900　- 2520　1820

今度は左除算演算子を用いて解ベクトルを計算してみます.

コマンド	実行結果
>>x1 = hlb \ b; x1'	ans =
	1.0e+03*
	- 0.0640　0.9000　- 2.5200　1.8200

rref 関数を用いた解ベクトルと左除算演算子を用いた計算結果は同じになります.一見, 左除算演算子を用いたほうがよいように思えますが, **rref** 関数を用いた場合,逆行列が存在しない (一意な解ベクトルでない) 場合でも途中までは計算されます.

　例としてヒルベルト行列を変形した行列を用いて, 同じように **rref** 関数と左除算演算子を用いた解ベクトルを求めてみます.

例1.7(rref 関数の利用と左除算演算子利用の比較)

　4 × 4行列のヒルベルト行列 (係数行列) の2行目に4行目を3倍したものを足した **A1** と, 同じように定数項ベクトル *b* の2行目に4行目を2倍したものを足した **b1** を用いて解ベクトルを計算してみましょう.

コマンド	実行結果

`>>A1 = hlb;`
`>>A1(2,:) = A1(4,:) * 3`
	`A1 =`
	　`1.0000　　0.5000　　0.3333　　0.2500`
	　`0.7500　　0.6000　　0.5000　　0.4286`
	　`0.3333　　0.2500　　0.2000　　0.1667`
	　`0.2500　　0.2000　　0.1667　　0.1429`

コマンド	実行結果

`>>b1 = b; b1(2) = b(4) * 2; b1`	`ans =`
	　`1`
	　`8`
	　`3`
	　`4`

コマンド	実行結果

`>x1 = rref([A1 b1])`
 	
`>> x2 = A1 \ b1`
	`x1 =`
	　`1.0000　　　　0　　　　0　　0.0714　　　　0`
	　　　`0　　1.0000　　　　0　- 0.7143　　　　0`
	　　　`0　　　　0　　1.0000　　1.6071　　　　0`
	　　　`0　　　　0　　　　0　　　　0　　1.0000`
	警告：行列は、特異行列に近いか、正しくスケーリングされていません。結果は不正確になる可能性があります。`RCOND =5.634591e-19`。
	`x2 =`
	　`1.0e+17 *`
	　`0.2135`
	　`-2.1350`
	　`4.8038`
	　`-2.9891`

コマンド	実行結果

`>>rank(A1), rank([A1 b])`	`ans =`
	　`3`
	`ans =`
	　`4`

この例の場合, 一意な解ベクトルは計算されません. `rref` 関数を用いると, 3 行目まで計算されていますが, 左除算演算子を用いた場合では, 不安定な解ベクトルになっています.

1.8 複素数

理工学の分野では, よく虚数を含んだ複素数が用いられます. 数学や物理の関連する分野では, 虚数単位に主に i を用います. 電気関連分野や制御工学 (第 8 章参照) では虚数単位に j を用います. 当然, MATLAB でも虚数を使うことができます. MATLAB では, この虚数単位として i, j ともに使用することができます. ただし, 計算結果は i で表示されます.

共役複素数もよく使用されます. 共役複素数は虚数部の符号を反転させた (プラスならばマイナスに変えた) ものです.

例1.8 (複素数の要素をもつ行列の生成)

下記の行列を生成しましょう.

$$F = \begin{bmatrix} 1+i & 2+3i \\ 3+2i & 4+5i \end{bmatrix}$$

コマンド	実行結果
`>> F = [1+i,2+3i;3+2i,4+5i]`	`F =`
	`1.0000 + 1.0000i   2.0000 + 3.0000i`
	`3.0000 + 2.0000i   4.0000 + 5.0000i`

MATLAB の場合, 変数としての i と虚数単位の i との区別がありません. このため, i あるいは j の前に数値があれば, それぞれ虚数単位だと認識されますが, 単独で用いられている場合, 虚数単位だと認識されないことがあります. すなわち, 下記のコマンドのように虚数単位と同じ文字を変数として使用したときは複素数にはなりません.

コマンド	実行結果
`>> i = 2;`	
`>> F = [1+i,2+3i;3+2i,4+5i]`	`F =`
	`3.0000 + 1.0000i   2.0000 + 3.0000i`
	`3.0000 + 2.0000i   4.0000 + 5.0000i`

上記のコマンド例で `i = 2;` が実行されると, 変数 `i` が定義されます. このため, 行列 `F` の `F(1,1)` (`F` の (1,1) 成分) の `1+i` は, `1+2` として計算されてしまいます. したがって, `i` を虚数単位として用いたいなら

コマンド	実行結果

`>> i = 2;`
`>> F = [1+1i,2+3i;3+2i,4+5i]`
	`F =`
	   `1.0000 + 1.0000i` `2.0000 + 3.0000i`
	   `3.0000 + 2.0000i` `4.0000 + 5.0000i`

理解を助けるためにアンダーラインを付けています.

とします.これで,変数としての **i** ではなく,虚数単位の i となります.あるいは虚数部を何らかの計算で求めた後,ほかの実数部から複素数を自動で作成したいときは **complex** 関数を用います.この関数は2つの実数を受け入れ複素数に変換します.そのため,虚数部に相当する2つ目の引数には虚数単位を付けることができません.

コマンド	実行結果
`>> r = complex(1,2)`	`r =` `1.0000 + 2.0000i`
`>> r = complex(1,2i)`	使い方によるエラー complex 虚数部の入力は、実数値でなければなりません。

　共役複素数を得る関数として **conj** 関数を使用することができます.簡単な例として **x1 = 2 + 3i** の共役複素数 **x2** を求め,その積 **x1*x2** を計算してみます.結果としては,実数部と虚数部の2乗和になります.

コマンド	実行結果

`>> x1 = 2+3i;`
`>> x2 = conj(x1)`
 	
`>> x1 * x2`
	
	`x2 =`
	   `2.0000 - 3.0000i`
	`ans = 13`

　複素行列に対しても同じ **conj** 関数を使用して共役複素行列を得ることができます.

コマンド	実行結果
`>> mx1 = (1+1i).*eye(2,2)`	mx1 = 1.0000 + 1.0000i 0.0000 + 0.0000i 0.0000 + 0.0000i 1.0000 + 1.0000i
`>> mx2 = conj(mx1)`	mx2 = 1.0000 - 1.0000i 0.0000 + 0.0000i 0.0000 + 0.0000i 1.0000 - 1.0000i

`>> mx1 * mx2`	ans =
	
	    2 0
	    0 2

1.9 小行列による行列の生成

MATLAB の基本操作はコマンドラインからの入出力です．このような環境で比較的大きな行列を生成する場合，行列に直接要素の値を入力するとタイプミスを誘発しやすくなります．そこで MATLAB では，作成したい行列の要素をいくつかの小さな行列に分割して入力することができるようになっています．これにより入力のタイプミスを防ぎ，デバッグしやすくなります．また線形代数でも小行列を用いた式がよく出てきます．入力を分割することで，一致した式のイメージが得られた状態で計算を進めることが可能となっています．

コマンド	実行結果

`>> A = [11 12;13 14];`
 `>> B = [21 22;23 24];`
 `>> C = [31 32;33 34];`
 `>> D = [41 42;43 44];`
 `>> x = [A B;C D]`
	
	 x =
	
	   11 12 21 22
	   13 14 23 24
	   31 32 41 42
	   33 34 43 44

1.10 データ構造

高精度な制御システムの構築には制御対象物のモデリングが非常に重要です．さまざまな稼働環境下による制御対象の挙動を計測することが必要となります．この計測データの蓄積には計測環境のコメントを記録する必要があります．そのためには数値データだけではなく，さまざまなデータ型を保持する機能が必要です．その他にもシステム開発においてはさまざまなデータ型をひとまとめに取り扱うことができると便利です．

1.10.1 char 型

MATLAB が取り扱う文字列には **char** 型と **string** 型があります．**char** 型は文字コードである UTF-16（Unicode Transformation Form 16）をあたかも数値データ（実際に 16 ビット長の数値列）のように取り扱います．この場合，文字列はシングルクォート（**''**）で囲みます．この **char** 型は文字単位の行列になるので，複数行の文字数は同じである必要があります．

コマンド	実行結果
`>> txt1 = 'Blue'`	`txt1 =` 　　　`'Blue'`
`>> size(txt1)`	`ans =` 　　　`1　　4`

`>> txt1'`	`ans =`
	　`4 × 1 の char 配列`
	　　`'B'`
	　　`'l'`
	　　`'u'`
	　　`'e'`

`>> txt2 = ['Blue';'Green']`	使い方によるエラー vertcat 連結する配列の次元が一致しません。

txt2 のエラーの原因として，**'Blue'** は 4 文字，**'Green'** は 5 文字となっており，配列的には 4 列数と 5 列数となり列数が一致しない状態になっています．

1.10.2 string 型

string 型は **char** 型と同じように文字列に関する型です．**char** 型は文字として UTF-16 の数値でしたが，**string** 型は文字列そのものを 1 つのデータとして保持します．これは C 言語のポインタ配列と同じものと考えてよいでしょう．

コマンド	実行結果

`>> str1 = "Blue"`	`str1 =`
	
	    `"Blue"`

`>> str2 = [str1;"Green"]`	`str2 =`
	
	    `2 × 1 の string 配列`
	
	    `"Blue"`
	
	    `"Green"`

`>> size(str2)`	`ans =`
	
	    `2    1`

　string 型の場合，文字列をダブルクォート（ `""` ）で囲みます．これにより文字列は string 型となります．したがって，str2 では "Blue" と "Green" が 2 つの string 型となり，2 行 1 列の配列に格納されています．

　文字列生成用関数として C 言語の sprintf 関数に相当する関数を活用することができます．使用方法はほぼ C 言語と同じです．詳細はオンラインヘルプで確認してください．

1.10.3 構造体

　MATLAB の構造体は，C 言語の構造体と同じように，異なったデータ型を保持することができます．さらに，コマンドウィンドウ内でいきなり構造体変数を記述することができます．この構造体変数は，あくまでも 1 つの変数として管理されています．構造体に所属するデータコンテナをフィールドと呼んでいます（C 言語の構造体のメンバです）．構造体変数を作成する方法として，直接フィールドに値を代入する方法と作成用関数を使用する方法があります．

　さらに MATLAB 固有の機能ですが，フィールド名を変数（あるいは式）で指定することができます．この変数あるいは式で指定することをダイナミックなフィールドと呼んでいます．このように変数または式は文字ベクトルまたは文字列で指定します．ただこのときはダイナミックなフィールド名を指定するのと，フィールドの値を代入することをしなければなりません．

　ダイナミックなフィールド名を作成した場合，後でフィールド名を取得することができると便利です．MATLAB には fieldnames 関数が用意されています．この fieldnames 関数は指定された構造体のフィールド名のリストを cell 配列で出力してくれます．また各フィールドの値を一括で得るためには struct2cell 関数を使用します．この関数を使うと各フィールドに格納されている値を cell 配列として取得できます．この cell 配列の順序は fieldnames 関数で得られるフィールド名の cell 配

列と同じ順序になっています.

例1.9 (異なったデータを有する構造体の定義)

フィールド `Comment` (文字列としてタイトル名), フィールド `x` (横軸データ), フィールド `y` (関数式) をもつ構造体変数を作成します. ここで, 構造体 (変数名 `strctf`) は `struct` 関数で生成, 構造体 (変数名 `strctm`) は直接 (ドット表記) で作成します.

関数を使った構造体変数作成

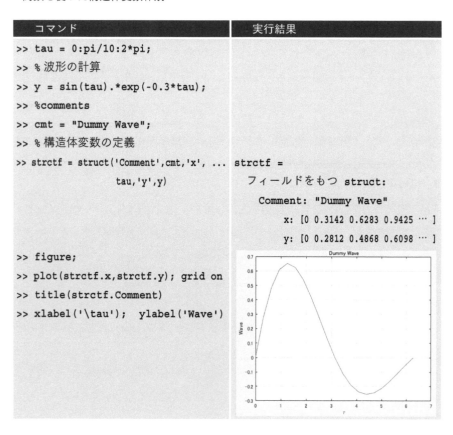

コマンド	実行結果
``` >> tau = 0:pi/10:2*pi; >> % 波形の計算 >> y = sin(tau).*exp(-0.3*tau); >> %comments >> cmt = "Dummy Wave"; >> % 構造体変数の定義 >> strctf = struct('Comment',cmt,'x', ... tau,'y',y) ```	strctf = 　フィールドをもつ struct: 　　　Comment: "Dummy Wave" 　　　　　　x: [0 0.3142 0.6283 0.9425 …] 　　　　　　y: [0 0.2812 0.4868 0.6098 …]
``` >> figure; >> plot(strctf.x,strctf.y); grid on >> title(strctf.Comment) >> xlabel('\tau'); ylabel('Wave') ```	

直接（ドット表記）での構造体変数作成

コマンド	実行結果

``
>> tau = 0:pi/10:2*pi;
>> % 波形の計算
>> y = sin(tau).*exp(-0.3*tau);
>> % 構造体変数の定義
>> strctm.Comments = "Dummy Wave";
>> strctm.x = tau;
>> strctm.y = y;
>> strctm
``
 	
``
>> figure;
>> plot(strctm.x,strctm.y); grid on
>> title(strctm.Comment)
>> xlabel('\tau'); ylabel('Wave')
``
	
	``
	strctm =
	  フィールドをもつ struct:
	    Comments: "Dummy Wave"
	           x: [0 0.3142 0.6283 0.9425 1.2566 …]
	           y: [0 0.2812 0.4868 0.6098 0.6524 …]
	``
	（実行結果のグラフは同じ）

　構造体フィールドの追加は setfield 関数，削除は rmfield 関数で行うことが可能です．その他構造体関連の関数が用意されています．詳細はオンラインヘルプを参照してください．

1.10.4　cell 配列

　MATLAB 特有のデータ型に cell 配列があります．cell 配列は変数名がインデックスになっており，異なる型のデータを格納できるデータ型です．各セルは行列のように行と列で指定します．cell 配列を使うと，関数 M-ファイル（第 4 章参照）で非常に柔軟な記述が可能になります．

　cell 配列は構造体と同じ感覚で定義できます．ただし，構造体とは下記の点が異なります．

・構成するデータにアクセスするのにフィールド名は必要がないこと
・行列フォーマットであること
・cell 配列の初期化は中カッコ {} であること
・各セル要素にアクセスするには，配列番号を用いること

　cell 配列に格納されているデータにアクセスする場合，インデックスを小カッコ () で指示します．セル内のデータにアクセスするには中カッコ {} (cell 配列構成演算子) を使用します．構造体変数と同じように，cell 配列も直接データセットを設定する方法 (cell 配列構成演算子を用いた方法) と cell 関数を用いる方法の2つあります．この cell 関数は cell 配列を作成するだけなので，cell 配列作成後データをセットする必要があります．ただし，cell 配列も配列なので，列方向のデータセット数は行をまたいでも同じでなければなりません．

例1.10 (異なる列数のデータセット例)

　2 × 3 の cell 配列 cel_0 を作成します．cel_0 = {1 2 3;[4 5 6],eye(3)}

コマンド	実行結果
>> cel_0 = {1 2 3;[4 5 6],eye(3)}	使い方によるエラー vertcat 次を使用中：vertcat

　この cell 配列は 2 × 3 配列になるのにデータセットは1行目は3列，2行目は2列しかないのでエラーが発生しています．

例1.11 (cell 配列の生成とアクセス)

　空の 2 × 3 cell 配列 (cel_1) を作成し，下記に示すデータをそれぞれのインデックスにセットします．

	1	2	3
1	2 × 2 double の 正規分布乱数	3 × 3 double の 乱数	'Blue'
2	0:pi/5:2*pi	1:7 までの 16 ビット整数	"White"

コマンド	実行結果
`>> cel_1 = cel_1(2,3)`	cel_1 =

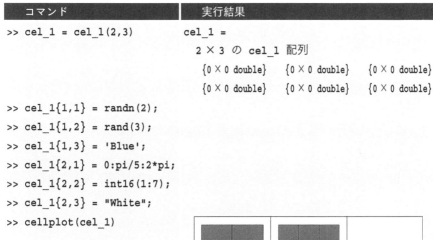

```
>> cel_1{1,1} = randn(2);
>> cel_1{1,2} = rand(3);
>> cel_1{1,3} = 'Blue';
>> cel_1{2,1} = 0:pi/5:2*pi;
>> cel_1{2,2} = int16(1:7);
>> cel_1{2,3} = "White";
>> cellplot(cel_1)
```

cellplot 関数についてはオンラインヘルプを参照してください.
cel_1{2,3} には string 配列 "White" が格納されています.

例 1.12 (cell 配列の一部の値の変更)

先ほど作成した **cell** 配列 **cel_1** の 1 行 2 列行列の 1 行 1 列の要素を数値 1 に変更します.

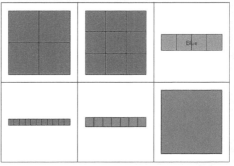

コマンド	実行結果
`>> cel_1{1,2}(1,1) = 1;` `>> cel_1{1,2}`	ans = 1.0000 0.3171 0.4387 0.8235 0.9502 0.3816 0.6948 0.0344 0.7655

ランダム関数を使用しているため実行結果は多少異なります.

1.10.5 table 型

MATLAB R2013b から **table** 型が導入されました. この **table** 型は構造体や **cell** 配列と同様に異なるデータを保持することができます. イメージとしては構造体に似

て表形式のデータを格納できるデータ型です．構造体ではフィールド名でデータにアクセスしていましたが，**table**型では次元名と呼ばれる行名でデータを区別します．行名は縦ベクトルの変数名になります．複数の行が集まって表の様相を示します．

　table型は表計算のような表を処理するのに重宝します．関連するデータ型として**timetable**型があります．この**timetable**型は時系列データを処理するためのデータ型です．また，第2章で示すように表計算ソフトのExcelからの読み込みなどに活用されます．実際にMATLAB R2019aから**table**関連関数による表計算データの読み込みが奨励されています．

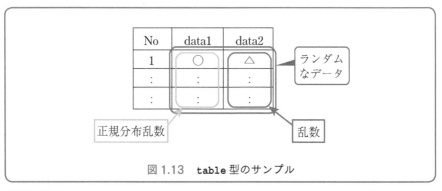

図 1.13　**table**型のサンプル

例 1.13（**table**型の使用例）

　図 1.13 のような **table** 型のサンプルの **table** 型変数 **tbl** を作成します．

コマンド	実行結果

`>> No = (1:7)';  %8 ビット長整数`
`>> data1 = randn(7,1);`
`>> data2 = rand(7,1);`
`>> tbl = table(No,data1,data2)`
	`tbl =`
	`  7 × 3 table`
	
	`    No      data1       data2`
	
	`    __    _____    _____`
	
	`    1      0.72225     0.16218`
	`    2      2.5855      0.79428`
	`    3     -0.66689     0.31122`
	`    4      0.18733     0.52853`
	`    5     -0.082494    0.16565`
	`    6     -1.933       0.60198`
	`    7     -0.43897     0.26297`

　table 型変数に格納されているデータにアクセスするためには次元名を table 型変数名.次元名とします．この場合指定した次元名のデータを取得することができます．複数の次元名などにアクセスするためには cell 配列と同じようにインデックスを使用します．また格納されているデータすべてを取得するには table2array, table2struct, table2cell などの関数を使用します．

例1.14 （table 型配列のデータアクセス）

　先ほど作成した table 型変数 tbl の次元名 data1, data2 の行単位平均および列単位平均を計算します．

コマンド	実行結果
`>> clm_ave = mean(tbl{:,2:3},2)`	`clm_ave =`
	`    0.4422`
	`    1.6899`
	`   -0.1778`
	`    0.3579`
	`    0.0416`
	`   -0.6655`
	`   -0.0880`
`>> lin_ave = mean(tbl{:,2:3})`	`lin_ave =`
	`    0.0534      0.4038`

　table 型配列の次元名の追加は addvars 関数を使用します．書式は次の通りです．

　　　新しい table 型 = addvars(追加元の table 型, 追加データ, …, オプション)

　当然のことながら追加データ数は既存のデータ数と同じである必要があります．オプションを指定しない場合は追加データが追加元 table 型の最後に追加されます．オプションの詳細な内容についてはオンラインヘルプを参照してください．

例1.15 （新しいデータの追加）

　table 型変数 tbl に列の平均値である clm_ave を追加し，新しい table 型変数 tbl2 を作成します．

コマンド	実行結果
>> tbl2 = addvars(tbl,clm_ave)	tbl2 =

```
tbl2 =

  7 × 4 table

    No      data1      data2      clm_ave

    __    _____    _____    _____

    1      0.72225    0.16218    0.44222
    2      2.5855     0.79428    1.6899
    3     -0.66689    0.31122   -0.17784
    4      0.18733    0.52853    0.35793
    5     -0.082494   0.16565    0.041577
    6     -1.933      0.60198   -0.66552
    7     -0.43897    0.26297   -0.087997
```

　table 型でデータを行方向に追加する方法は，行列の行方向に追加する方法とほ
ぼ同じです．たとえば，2 つの **table** 型変数 **tbl1**，**tbl2** を行方向に結合する場合は
[tbl1;tbl2] とします．当然のことながら 2 つの **table** 型変数 **tbl1**，**tbl2** は同じ次
元名をもつ必要があります．

　行方向に結合した後，重複行の削除（**unique** 関数など）やソート（**sortrows** 関数な
ど）で表の整合性をとることも可能です．

1.11　行列演算

　MATLAB で使用できる関数は，インストールされている Toolbox にもよります
が，500 種類以上あります．また，組み込む Toolbox の種類や数によっても，多種多
様な関数が使用可能となります．さらに，ユーザが定義した関数（第4章参照）も標準
の関数のように使用することができます．

　MATLAB には，もしそのすべてを解説した本を作ったら 1000 ページ以上の本が
できるほど豊富な関数が実装されています．しかも，その大半は最新のアルゴリズム
で作られています．ここでは，基本的な関数についてみてみましょう．その他の関数
はオンラインヘルプやほかの文献を参照してください．

1.11.1　行列の基本関数

　行列演算を行うときに，行列に対する基本的な関数群を知っていると便利な場合が
よくあります．1.7 節で述べた逆行列を求める **inv** 関数や **rref** 関数などがそれに当た
ります．すべての関数をまとめることはできませんが，基本的な関数を**表1.6**と**表1.7**
にまとめてみます．

表 1.6 行列の基本的な関数とその実行例

関数名と機能	コマンド	実行結果
零行列 zeros m 行 n 列の零行列を生成する.	>> zeros(2,3)	ans = 0 0 0 0 0 0
単位行列 eye m 行 n 列の単位行列を生成する.	>> eye(3,3)	ans = 1 0 0 0 1 0 0 0 1
要素すべて 1 の行列 ones m 行 n 列の要素すべてが 1 の行列 を生成する.	>> A = ones(3,3)	A = 1 1 1 1 1 1 1 1 1
分布が一様分布になるランダムな 行列の作成 rand 一様分布のランダムな要素をもっ た行列を生成する.	>> rand(2)	ans = 0.2190 0.6789 0.0470 0.6793
分布が正規分布になるランダムな 行列の作成 randn 正規分布 (平均 0, 分散 1) をもっ たランダムな要素の行列を生成 する.	>> randn(2)	ans = 1.1650 0.0751 0.6268 0.3516
実数を整数に四捨五入で丸める round 最も近い整数に丸める. その他の同 種の関数として floor (切り捨て), ceil (切り上げ), fix (正の場合切 り捨て, 負の場合切り上げ) がある.	>> c = randn(1) * 100; >> round(c)	(このときの c の 値が 41.7486 だ とすると) ans = 42
行列のサイズを得る size 行と列を行ベクトルの形式で出力する.	>> A = [1:... round(rand(1) * 10)]; >> size(A)	ans = 1 5

正方行列の場合は m 行, n 列どちらかを指定.

rand 関数と randn 関数はランダムな行列を生成する関数なので, 実行の都度, 異なる結果になる可能性があります.

表 1.7　主な行列演算関数

関数名	機能
cond	逆行列の精度の尺度を与える行列 **A** の条件数を求める．このとき行列 **A** は正方行列でなくてもよい． `condest`：行列の 1-ノルム条件数の推定． `condeig`：固有値に関する条件数．
det	正方行列 **A** の行列式を求める．
inv	正方行列 **A** の逆行列を求める． `pinv`：疑似逆行列を計算する．
lu	正方行列に対する LU 分解を求める．
norm	行列のノルムを求める．このとき，行列は正方行列でなくてもよい．
rank	行列の階数を求める．
rref	縮小行階段形（reduced row echelon form）の行列を求める．

1.11.2　比較・論理演算子

　MATLAB は同じサイズの 2 つの行列に対して，**表 1.8** のような比較演算を行うことができます．このとき，演算結果として 2 つの行列と同じサイズの行列が出力されます．出力行列の要素は，比較結果が真の場合は 1，偽の場合は 0 となります．

　変数同士または変数と数値を比較したいことはよくあります．特に第 4 章で述べるスクリプトやユーザ定義関数を作成するときに多用します．

表 1.8　主な比較演算子

比較演算子	意味
<	より小さい．
>	より大きい．
<=	より小さいか等しい．
>=	より大きいか等しい．
==	等しい．
~=	等しくない．

例 1.16（行列の要素の相等性）

　次の 2 つの行列要素が等しいかどうかを比較します．

$$A = \begin{bmatrix} 1 & 2 \\ 2 & 3 \end{bmatrix}, \quad B = \begin{bmatrix} 1 & 1 \\ 2 & 2 \end{bmatrix}$$

コマンド	実行結果
`>> A = [1 2;2 3];`	`ans =`
`>> B = [1 1;2 2];`	`2 × 2 の logical 配列`
`>> A==B`	`1    0`
	`1    0`

　論理演算子は比較演算子と同様に同じサイズの2つの行列要素，もしくは，行列とスカラーに対して論理演算を行います．出力される結果も比較演算子と同じように，それぞれの論理演算の結果，真ならば1を，偽ならば0を出力します．

例 1.17（論理積と論理和）

　下記の行列 **A**，**B** の論理積と論理和をとります．

$$A = \begin{bmatrix} 1 & 0 \\ 0 & 0 \end{bmatrix}, \quad B = \begin{bmatrix} 1 & 1 \\ 0 & 1 \end{bmatrix}$$

コマンド	実行結果
`>> A = [1 0;0 0];`	
`>> B = [1 1;0 1];`	
`>> A & B`	`ans =`
	`2 × 2 の logical 配列`
	`1    0`
	`0    0`
`>> A ｜ B`	`ans =`
	`2 × 2 の logical 配列`
	`1    1`
	`0    1`

　ビット単位の論理演算を行う関数群も，**表 1.9** のように用意されています．

表 1.9 ビット単位の論理演算を行う関数

関数名	意味
bitand(A,B)	ビット単位の論理積 (AND).
bitcmp(A)	ビット単位の補数.
bitget(A,bit)	指定した位置のビットを取得.
bitor(A,B)	ビット単位の論理和 (OR).
bitset(A,bit)	指定した位置のビットを設定.
bitxor(A,B)	ビット単位の排他的論理和 (XOR).

第2章 MATLAB と Excel の連携

—データ処理を簡単に—

実験データを解析する際，Excel を使って可視化することは多いと思います．Excel を使って膨大なデータを処理することは，いくら使い慣れているソフトだといっても，時間と手間がかかると感じることも多いのではないでしょうか．Excel に比べ，多数の波形を次々に加算する場合や計算式を変える場合などに手数を少なくでき，大量のデータ処理に適している MATLAB で，Excel ファイルに保存されているデータを処理する方法を学びましょう．

ここでは，Excel ファイルに保存されている，ある一定時間測定したソーラーパネルから出力される電圧，電流と日射量のデータを例に，ファイルのインポートから MATLAB を使ったソーラーパネルの特性解析までの流れを説明するとともに，Excel ファイルのインポート機能も紹介します．

2.1 Excel ファイルのインポート

ここでは，Excel ファイルに保存されている，ソーラーパネルから出力された電圧，電流と測定した日射量からあらかじめ計算した電力，日射量，発電効率のデータを，MATLAB にインポートする方法を説明します．

使用するソーラーパネルの出力（発電電力），日射量，発電効率データを**図 2.1** に示します．

24 fx 4.703

A	B	C	D	E	F	G	H	I	J	K	L	M	N	O
NO	Time	ms	W	W	W	W	%	V	A	V	A	A	mV	Kw/m2 換
1	2022/11/16 13:50	0	92.24288	20.56133	67.09556	675.12	13.66318	17.365	5.312	13.395	1.535	5.009	2.91	0.58
2	2022/11/16 13:50	0	92.95246	20.33169	68.88319	680.92	13.65101	17.578	5.288	13.438	1.513	5.126	2.935	0.58
3	2022/11/16 13:50	0	95.05601	20.28151	69.68898	681.616	13.94568	18.515	5.134	13.503	1.502	5.161	2.938	0.587
4	2022/11/16 13:50	0	95.08209	20.29346	69.53117	681.384	13.95426	18.903	5.03	13.538	1.499	5.136	2.937	0.587
5	2022/11/16 13:50	0	94.89518	20.27669	69.29337	687.88	13.79531	19.163	4.952	13.563	1.495	5.109	2.965	0.59
6	2022/11/16 13:50	0	92.8347	20.25426	68.18708	684.864	13.5552	19.828	4.682	13.548	1.495	5.033	2.952	0.590
7	2022/11/16 13:50	0	95.2043	20.332	69.7952	679.992	14.0008	18.965	5.02	13.6	1.495	5.132	2.931	0.586
8	2022/11/16 13:50	0	95.1067	20.35706	69.8112	676.512	14.05839	18.403	5.168	13.635	1.493	5.12	2.916	0.583
9	2022/11/16 13:50	0	95.25218	20.35787	69.66764	679.992	14.00784	18.888	5.043	13.663	1.49	5.099	2.931	0.586
10	2022/11/16 13:50	0	95.05845	20.38767	69.37281	680.92	13.9603	19.138	4.967	13.683	1.49	5.07	2.935	0.58
11	2022/11/16 13:50	0	94.80239	20.41002	69.25709	240.584	39.40511	19.218	4.933	13.698	1.49	5.056	1.037	0.207
12	2022/11/16 13:50	0	94.91661	20.39867	69.37193	185.6	51.14041	19.21	4.941	13.718	1.487	5.057	0.8	0.1
13	2022/11/16 13:50	0	94.97936	20.44214	69.33569	149.176	63.66933	19.18	4.952	13.738	1.488	5.047	0.643	0.128
14	2022/11/16 13:50	0	94.80521	20.48566	69.18898	661.2	14.33836	19.203	4.937	13.758	1.489	5.029	2.85	0.5
15	2022/11/16 13:50	0	94.98494	20.50166	69.26201	660.04	14.39078	19.185	4.951	13.778	1.488	5.027	2.845	0.58
16	2022/11/16 13:51	0	94.68063	20.51019	69.13052	662.824	14.28443	19.17	4.939	13.793	1.487	5.012	2.857	0.571
17	2022/11/16 13:51	0	94.7408	20.48023	68.99476	660.736	14.33868	19.225	4.928	13.81	1.483	4.996	2.848	0.569
18	2022/11/16 13:51	0	94.7092	20.4931	69.01555	653.544	14.49163	19.203	4.932	13.828	1.482	4.991	2.817	0.563
19	2022/11/16 13:51	0	94.51409	20.51829	68.93426	572.112	16.52021	19.265	4.906	13.845	1.482	4.979	2.466	0.493
20	2022/11/16 13:51	0	23.94002	18.70313	-7.48125	659.576	3.629607	18.373	1.303	13.125	1.425	-0.57	2.843	0.568
21	2022/11/16 13:51	0	12.63959	19.69811	14.54491	657.256	1.923085	17.458	0.724	12.883	1.529	1.129	2.833	0.565
22	2022/11/16 13:51	0	90.93084	20.38901	65.87217	572.808	15.87458	20.02	4.542	13.405	1.521	4.914	2.469	0.493
23	2022/11/16 13:51	0	92.92187	20.47838	67.34838	657.952	14.1229	19.758	4.703	13.625	1.503	4.943	2.836	0.567
24	2022/11/16 13:51	0	93.76105	20.50871	68.11476	658.88	14.23037	19.558	4.794	13.755	1.491	4.952	2.84	0.56
25	2022/11/16 13:51	0	94.26948	20.54201	68.62551	657.952	14.32771	19.433	4.851	13.833	1.485	4.961	2.836	0.567
26	2022/11/16 13:51	0	94.6497	20.55332	68.91815	658.184	14.38043	19.273	4.911	13.878	1.481	4.966	2.837	0.567
27	2022/11/16 13:51	0	94.75017	20.60071	69.06315	657.952	14.40077	19.223	4.929	13.91	1.481	4.965	2.836	0.567
28	2022/11/16 13:51	0	94.71405	20.59297	68.99622	657.72	14.40036	19.243	4.922	13.933	1.478	4.952	2.835	0.56
29	2022/11/16 13:51	0	94.87912	20.58363	69.11912	657.72	14.42546	19.183	4.946	13.955	1.475	4.953	2.835	0.56

図 2.1　ソーラーパネルの出力，日射量，発電効率データ

あらかじめ，MATLAB にデータをインポートする Excel ファイルを**図2.2**に示すように作業フォルダーに保存します．

図 2.2 Excel ファイルの保存

それでは，実際に Excel ファイルをインポートしてみましょう．

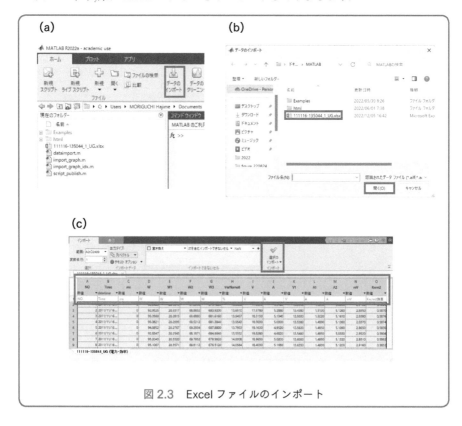

図 2.3 Excel ファイルのインポート

Excel ファイルのインポート手順は以下の通りです.

図 2.3(a) に示す「ホーム」タブの「変数」セクションにある「データのインポート」ボタンをクリックすると同図 **(b)** のウィンドウが表示されます. **(b)** のウィンドウに表示されている Excel ファイルの中から, MATLAB にインポートしたいファイルを選択して,「開く」ボタンをクリックすると, 同図 **(c)** に示すインポートウィンドウに Excel ファイルがインポートされます.

または, 現在のフォルダーウィンドウ (**図 2.3(a)** 参照) にある .obs, .xls, .xlsb, .xlsm, .xlsx, .xltm, .xltx の拡張子をもつファイル (Excel ファイル) をダブルクリックすることにより, そのファイルがインポートされます.

デフォルトでは, Excel ファイルは列ベクトルとしてインポートされ, インポートウィンドウに表示されている表の最上部 (**図 2.3(c)** の赤で囲んだ部分下) には, MATLAB で使用可能な変数名が自動的に定義され, 表示されています.

Excel ファイルをインポートした後, インポートウィンドウの「インポート」タブの「インポート」セクションにある「選択のインポート」のチェックマーク (**図 2.3(c)** の赤で囲んだ部分上) をクリックすることにより, 選択したデータが MATLAB にインポートされ, **図 2.4** に示すようにワークスペースに表示されます.

Excel ファイルをインポートしただけでは, MATLAB にデータがインポートされないので, 注意が必要です.

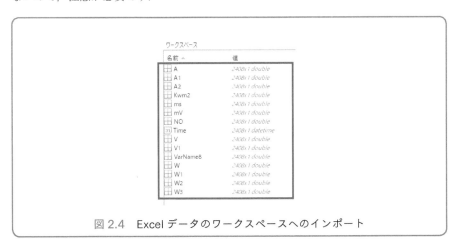

図 2.4　Excel データのワークスペースへのインポート

Excel ファイルのインポート手順はここまで述べた通りですが, ファイルのインポートからデータ処理までを自動化するための準備として, インポート操作のスクリプト (一連のステートメントを実行するプログラム) を生成する方法を紹介します.

MATLAB を操作し始めた頃は, GUI を使って対話的に実行することが多いと思い

ますが，慣れてくるとコマンドを使用する，あるいは作業の効率を高めるため，スクリプトを作成することもあるかもしれません．スクリプトの詳細は，第4章で紹介します．

それでは，これまで説明してきた操作をスクリプトにする方法を説明します．

操作方法は Excel ファイルのインポートと同様，非常にシンプルです．

インポートウィンドウの「インポート」タブの「インポート」セクションにある「選択のインポート」の文字をクリックすると，**図2.5(a)** に示すプルダウンメニューが表示されます．ここから「スクリプトの生成」をクリックします．

その結果，**図2.5(b)** に示すように，MATLAB の「エディター」タブがアクティブになり，生成されたスクリプトが表示されます．このスクリプトの4行目と28行目の「**xxx**」の部分は，PC環境によって異なるので注意が必要です．また，4行目と5行目，18行目と19行目，28行目と29行目はスペースの関係で2行にわたり，20行目から22行目は3行にわたっていますが，実際には1行で記述します．

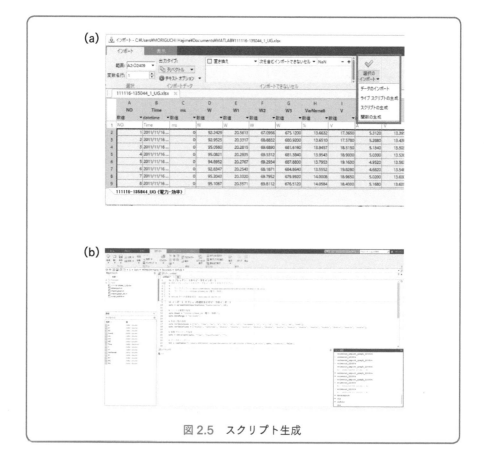

図2.5 スクリプト生成

生成されたスクリプトを List2.1 に示します.

List2.1　dataimport.m

```
1:  %% Excel ファイルからデータをインポート
2:  % 次の Excel ファイルからデータをインポートするスクリプト :
3:  %
4:  %    ワークブック : C:\Users\xxx\Documents\MATLAB\111116-135044_1_
5:  UG.xlsx
6:  %    ワークシート : 111116-135044_UG ( 電力・効率 )
7:  %
8:  % MATLAB からの自動生成日 : 2022/05/31 14:41:01
9:
10: %% インポート オプションの設定および Excel ファイルのインポート
11: opts = spreadsheetImportOptions("NumVariables", 15);
12:
13: % シートと範囲の指定
14: opts.Sheet = "111116-135044_UG ( 電力・効率 )";
15: opts.DataRange = "A2:O2409";
16:
17: % 列名と型の指定
18: opts.VariableNames = ["NO", "Time", "ms", "W", "W1", "W2", "W3",
19: "VarName8", "V", "A", "V1", "A1", "A2", "mV", "Kwm2"];
20: opts.VariableTypes = ["double", "datetime", "double", "double",
21: "double", "double", "double", "double", "double", "double",
22: "double", "double", "double", "double", "double"];
23:
24: % 変数プロパティを指定
25: opts = setvaropts(opts, "Time", "InputFormat", "");
26:
27: % ファイルのインポート
28: tbl = readtable("C:\Users\xxx\Documents\MATLAB\111116-135044_1_
29: UG.xlsx", opts, "UseExcel", false);
30:
31: %% MATLAB で使用可能なデータへの変換
32: NO = tbl.NO;
33: Time = tbl.Time;
34: ms = tbl.ms;
```

```
35:  W = tbl.W;
36:  W1 = tbl.W1;
37:  W2 = tbl.W2;
38:  W3 = tbl.W3;
39:  VarName8 = tbl.VarName8;
40:  V = tbl.V;
41:  A = tbl.A;
42:  V1 = tbl.V1;
43:  A1 = tbl.A1;
44:  A2 = tbl.A2;
45:  mV = tbl.mV;
46:  Kwm2 = tbl.Kwm2;
47:
48:  %% 一時変数のクリア
49:  clear opts tbl
```

　スクリプトを保存したい場合は，「エディター」タブの「ファイル」セクションにある「保存」の文字をクリックし，「名前を付けて保存」を選択したうえで，ファイル名に任意の名前（ここでは，dataimport.m）を入力して，「保存」ボタンをクリックします．

　保存したスクリプト名 dataimport をコマンドウィンドウに入力することにより，GUI操作で行ってきた一連の操作を一括して行うことができるようになり，作業効率が格段によくなります．

　ここでは，対話的な機能を使って Excel ファイルをインポートする方法を説明しました．MATLAB に装備されているインポート関数（**readtable**関数，**readmatrix**関数，**readcell**関数）をコマンドウィンドウ上で実行することによっても，Excel ファイルをインポートすることができます．

　Excel ファイルのインポートの詳細は，2.5節で紹介します．

2.2　データのグラフ化

　単に数値が行列の形で表されているだけのデータをみても，そのデータがもつ意味や傾向がわかりにくいと感じることが多いと思います．

　このような場合，データをグラフ化（可視化）したうえでデータがもつ意味や傾向を明らかにしていくという手順も一般的でしょう．

　より多くの例は，第3章で扱います．ここでは，2.1節でインポートした Excel ファイルのデータを使って，MATLAB でグラフを作成する方法を説明します．

インポートしたデータをグラフ化する場合，「プロット」タブをクリックし，グラフにしたいデータを選択したうえで，データにフィットしたグラフを選択して表示させるという流れになります．

ここでは，GUI の操作によって，日射量の時間変化をグラフにする手順を説明します．

まず，「プロット」タブをクリックすると，**図2.6** の赤枠で示すように選択されている変数を使って作成可能なグラフが「プロット」セクションに表示されます．

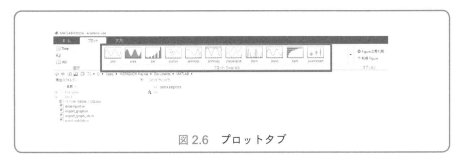

図2.6　プロットタブ

ここでは，時間を表す変数 *Time* を x 軸に，日射量を表す *W3* を y 軸に設定して，日射量の時間変化をグラフにしていきましょう．

今回使用する変数 *Time* と *W3* を選択すると，**図2.7(a)** に示す「プロット」セクションにこれら2つの変数を使用して作成可能なグラフが表示されます．

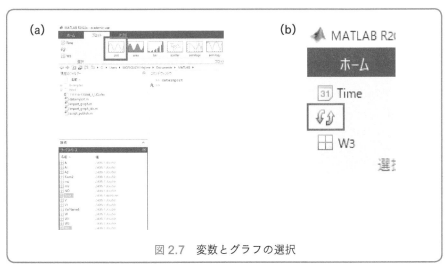

図2.7　変数とグラフの選択

図2.7(b) は同図 **(a)** の画面の左上部分を拡大したものです．赤枠で囲んだボタンをはさんで上側が x 軸に表示される変数，下側が y 軸に表示される変数となっており，赤枠

で囲んだボタンをクリックすることにより，x軸とy軸を入れ替えることができます．図2.7(a) の plot をクリックすると，コマンドウィンドウに `plot(Time,W3)` が表示されるとともに，図2.8 に示すグラフが作成され，Figure ウィンドウに表示されます．

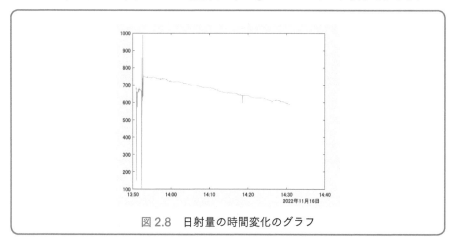

図 2.8　日射量の時間変化のグラフ

　このグラフをみると，測定開始時は日射量が大きく変化していますが，全体の傾向としては，時間の経過とともに日射量が減少していく様子がわかります．

　このように，データをグラフ化することによって，表のように羅列した状態ではつかみづらかった，もっている意味や傾向を明らかにすることができます．

　ここまで，時間の変化に対する日射量の変化を表すグラフを GUI 操作で作成する方法を説明しました．2つの変数の関係をみるシンプルなグラフの場合には，この手順でいいのですが，同じ x軸に対して複数のデータを扱う場合や，それにともない左右両側に y軸をプロットしたい場合など，少し複雑なグラフを描く場合には，コマンドウィンドウで plot 関数を使いながらグラフを作成するとよいでしょう．

　それでは，plot 関数を使って，時間を表す変数 `Time` を x軸に，日射量を表す変数 `W3`，発電量を表す変数 `W`，発電効率を表す変数 `VarName8` を y軸に設定したグラフを作成しましょう．

　ここでは，`yyaxis` 関数，plot 関数を実行して，時間の目盛を x軸，日射量の目盛を左の y軸，発電量および発電効率の目盛を右の y軸にプロットします．

　グラフには，タイトル，x軸ラベル，y軸ラベル，凡例を表示させます．

コマンド

```
>> figure
>> yyaxis left
>> plot(Time,W3);
>> ylabel(' 日射量 [W]')
>> yyaxis right
>> plot(Time,W);
>> hold on
>> plot(Time,VarName8);
>> hold off
>> ylabel(' 発電量 [W]・発電効率 [%]')
>> title(' 日射量・発電量・発電効率の時間変化 ')
>> xlabel(' 時刻 ')
>> legend(' 日射量 ',' 発電量 ',' 発電効率 ')
```

実行結果

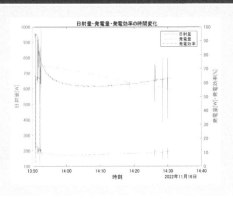

　実行結果を確認してみましょう．日射量が左の y 軸を目盛として，発電量と発電効率が右の y 軸を目盛としてプロットされ，タイトル，x 軸ラベル，y 軸ラベル，凡例が表示されていることが確認できます．

　日射量の時間変化は先ほど述べましたが，発電量と発電効率は時間の経過とともに若干増えていることがグラフから読み取れます．

　このように plot 関数を使うことによって，複数のデータをグラフ化し解析することが可能になります．plot 関数の詳細は第 3 章で紹介します．

2.3　データの抽出

　2.2 節で作成した日射量，発電量，発電効率の時間変化を示すグラフは，40 分間に

わたり，1秒ごとに1回測定したデータを使って作成しました．40分間，1秒ごとに測定すると，データの数はどのくらいになるのでしょうか．単純に計算すると毎分60個 × 40分 = 2400個となり，大量になることがわかります．

2.2節では，測定したデータをそのままプロットしましたが，たとえば，気温，明るさ，湿度といった物理量は1秒間で劇的に変化するものではなく，通常，1分や10分，1時間といった単位で測定するものであると推測されます．

日射量も1秒間で劇的に変化するものではありませんので，1秒ごとに測定したデータを使うのではなく，1分ごとに抽出することによって，絞り込みを行い，プロットしていきます．

このとき，よく使われる方法として，ロジカルインデクシングが挙げられます．論理配列を使ってデータの絞り込みを行う方法です．

ここでは，ロジカルインデクシングを使ってデータの絞り込みを行ったうえで，2.2節で説明した日射量，発電量，発電効率の時間変化を示すグラフを作成する手順を紹介します．

まず，データの絞り込みを行うため，論理配列を作成します．

今回は，1分ごと（サンプリング60回に対して1回）に，日射量，発電量，発電効率の3つのデータをプロットするよう，コマンドを入力し実行します．具体的には，除算後の余りを求める **rem** 関数を用いて，変数 **NO** を60で割った結果が0のときに1となるようにしています．

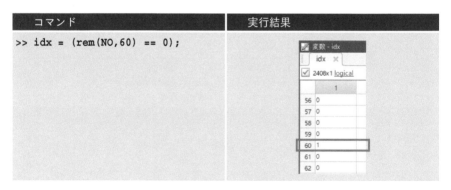

実行結果をみると，**NO** が60のときには **idx** の値は1になっていますが，それ以外は0になっていることがわかります．つまり，60で割り切れる **NO** のみが1となり，それ以外は0となる論理配列 **idx** が作成されたわけです．

次に，論理配列を使って，グラフを作成する際に必要となる各変数のデータを絞り込みます．

たとえば，時刻を示す変数 **Time** を1分ごとに抽出して，絞り込んだデータを作成

する場合, `idxTime = Time(idx);` と入力して実行します.

コマンド	実行結果
`>> idxTime = Time(idx);`	

実行結果をみてみましょう. 先ほど作成した論理配列 `idx` の1の部分のデータのみが抽出された時刻の変数 `idxTime` が作成され, データ数が 2408 から 40 に絞り込まれました. つまり, 時刻データが, 1分ごとに取り出せたことになります.

このように, MATLAB には, データベースでデータを抽出する場合と同様に, 論理配列を使って条件に合うデータを取り出すロジカルインデクシングの機能が備わっていて, 大量のデータから必要なデータのみを取り出す場合に重宝します.

時刻の変数と同様に, 日射量の変数 `W3`, 発電量の変数 `W`, 発電効率の変数 `VarName8` も論理配列 `idx` を使って, 1分ごとのデータに絞り込んでいきましょう. 抽出データ作成コマンドを入力して実行します.

コマンド	実行結果

`>> idxW3 = W3(idx);`
`>> idxW = W(idx);`
`>> idxVarName8 = VarName8(idx);`
	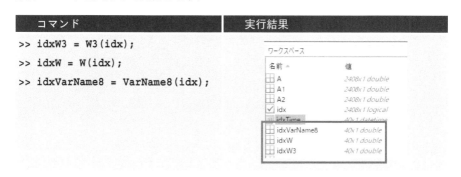

実行結果から, 論理配列 `idx` の1のデータのみが抽出された日射量の変数 `idxW3`, 発電量の変数 `idxW`, 発電効率の変数 `idxVarName8` がワークスペースに表示されてお

り，それぞれのデータが1分ごとに取り出せたことが確認できます．

最後に抽出したデータを使ってグラフを作成して，前節で作成したグラフと比較してみましょう．

2.2節で作成したグラフと比較すると，日射量の数値（左のy軸の目盛）の範囲が変化していること，全体としてプロットが粗くなっていることがわかります．

発電量と発電効率に関しては，2.2節で作成したグラフと同様な傾向であることがみてとれますが，日射量に関しては，目盛の範囲が狭くなった分，時間の経過とともに減少していく様子が明確になりました．

このように，データ数を絞り込むことにより，傾向が顕著に現れる場合もあるので，論理配列を使ったデータの抽出方法を知っておくとよいでしょう．

コマンド

```
>> figure
>> yyaxis left
>> plot(idxTime,idxW3);
>> ylabel(' 日射量 [W]')
>> yyaxis right
>> plot(idxTime,idxW);
>> hold on
>> plot(idxTime,idxVarName8);
>> hold off
>> ylabel(' 発電量 [W]・発電効率 [%]')
>> title(' 日射量・発電量・発電効率の時間変化 ')
>> xlabel(' 時刻 ')
>> legend(' 日射量 ',' 発電量 ',' 発電効率 ')
```

実行結果

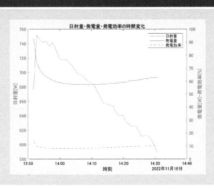

2.4 データ処理の自動化（スクリプト作成）

2.1節でも触れた通り，MATLABでは，対話的にコマンドを実行しながらデータ解析を進めていくことが一般的ですが，効率的にデータ解析を行いたい場合はスクリプトを作成して，コマンド実行の流れを自動化することが重要となります．

2.1節では，ExcelファイルをMATLABにインポートするまでのGUIの操作からスクリプトを生成する方法を紹介しましたが，ここでは，コマンド履歴を用いてExcelファイルのインポートからグラフ化までを自動化するスクリプトの作成方法を説明します．

たとえば，時期を変えて測定した複数のデータを解析する場合，2.1節と2.2節で説明した方法を用いると，データの数だけGUIの操作を繰り返さなければなりません．同じ手順の繰り返しで手間と時間がかかってしまいます．コマンド履歴を使ってスクリプトを作成し，データのインポートからグラフの作成までを自動化できれば，解析の効率が向上します．

ここでは，2.1節から2.2節にかけて行った日射量，発電量，発電効率の時間変化を示すグラフ作成までの自動化の手順を説明します．

まず，**図 2.9** に示す MATLAB デスクトップにおいて，コマンド履歴ウィンドウ（赤枠部）を表示させておきます．

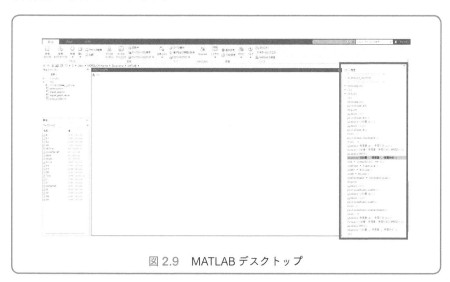

図 2.9　MATLAB デスクトップ

次に，コマンド履歴から使用したいコマンドを選択します．Ctrl キーを押しながらコマンドをクリックすると複数のコマンドを選択することができます．

コマンド選択後，**図 2.10(a)** に示すように選択されているコマンドの上で右クリッ

クし，「スクリプトの作成」をクリックすると，同図 **(b)** に示すように MATLAB エ
ディターが起動し，選択したコマンドが表示されます．

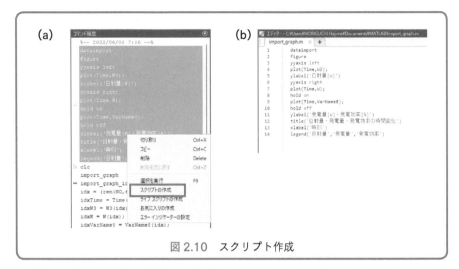

図2.10　スクリプト作成

　表示されたコマンドを確認した後，「エディター」タブの「ファイル」セクションに
ある「保存」ボタンの「保存」をクリックし，「名前を付けて保存」を選択したうえで，
ファイル名に任意の名前（ここでは，import_graph.m）を入力して，「保存」ボタンを
クリックします．

　作成したスクリプト（import_graph.m）を List2.2 に示します．

List2.2　import_graph.m

```
 1:   dataimport
 2:   figure
 3:   yyaxis left
 4:   plot(Time,W3);
 5:   ylabel(' 日射量 [W]')
 6:   yyaxis right
 7:   plot(Time,W);
 8:   hold on
 9:   plot(Time,VarName8);
10:   hold off
11:   ylabel(' 発電量 [W]・発電効率 [%]')
12:   title(' 日射量・発電量・発電効率の時間変化 ')
13:   xlabel(' 時刻 ')
14:   legend(' 日射量 ',' 発電量 ',' 発電効率 ')
```

　それでは，コマンドウィンドウに `import_graph` と入力して，作成したスクリプトを実行してみましょう．

コマンド

```
>> import_graph
```

実行結果

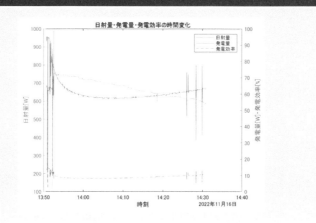

　2.1 節から 2.2 節で説明した Excel ファイルのインポートからグラフの作成までが自動化され，同じグラフが作成されたことが確認できます．
　このように，コマンド履歴を使ってデータ処理を自動化するスクリプトを作成する

ことにより，同じ処理を必要とする複数のデータを解析する場合の手間と時間が大幅に省力化でき，作業の効率が向上します．

2.5 Excel ファイルのインポート関数

2.1 節で対話的な機能を使って Excel ファイルをインポートする方法を説明しました．ここでは，インポート関数 (`readtable` 関数，`readmatrix` 関数，`readcell` 関数) をコマンドウィンドウ上で実行することによって，Excel ファイルをインポートする方法を紹介します．

2.5.1 readtable 関数

`readtable` 関数は，ファイルから表を作成する関数です．Excel ファイルの場合，ファイルの列ごとに 1 つの変数を表に作成し，ファイルの最初の行から変数名を読み取り，入力ファイルの各列で検出されたデータ値に適したデータ型をもつ変数を作成します．

`readtable` 関数の構文を**表 2.1** に示します．

表 2.1　<code>readtable</code> 関数の構文

構文	概要
`t = readtable(filename)`	ファイルから列データを読み取ることによって表を作成.
`t = readtable(filename,opts)`	インポートオプション (`opts`) を使用して表を作成.
`t = readtable(___,Name,Value)`	1 つ以上の名前と値のペアの引数で指定された追加のオプションを使用して，ファイルから表を作成.

Excel ファイルからデータをインポートする際の流れは，一般的には以下の手順となります．

1. ファイルインポートオプションの作成
2. シートと範囲の指定
3. 列名と型の指定
4. 変数プロパティの指定
5. ファイルのインポート
6. MATLAB で使用可能なデータへの変換

7. 一時変数のクリア

はじめに，ファイルインポートオプション（`opts`）を `numVars` で指定した数の変数
をもつ `SpreadsheetImportOptions` オブジェクトとして作成します．

`SpreadsheetImportOptions` オブジェクトを作成し，プロパティを設定すること
により，表形式のデータを Excel ファイルからインポートする方法を指定できます．

`SpreadsheetImportOptions` オブジェクトの構文を**表 2.2** に示します．

表 2.2 `SpreadsheetImportOptions` オブジェクトの構文

構文	概要
`opts = spreadsheetImportOptions` `('NumVariables',numVars)`	`numVars` で指定した数の変数をもつオブジェクトを作成．

たとえば，15 の変数をもつファイルインポートオプションを指定する場合，`opts = spreadsheetImportOptions("NumVariables",15);` と入力して実行すると，ワークスペースに 1 × 1 `SpreadsheetImportOptions` オブジェクトの変数 `opts` が作成されます．

変数 `opts` のプロパティと概要をそれぞれ**図 2.11**，**表 2.3** に示します．

この時点では，`SelectedVariableNames` プロパティ，`VariableNames` プロパティ，
`VariableOptions` プロパティ，`VariableTypes` プロパティが設定されています．

図 2.11 変数 `opts` のプロパティ

表2.3　変数 opts のプロパティの概要

プロパティ	概要
VariableNames	変数名.
VariableNamingRule	変数名を保持するかどうかのフラグ.
VariableTypes	変数のデータ型.
SelectedVariableNames	インポートする変数のサブセット.
VariableOptions	型固有の変数のインポートオプション.
Sheet	読み取り元のシート.
DataRange	インポートするデータの場所.
RowNamesRange	行名の位置.
VariableNamesRange	変数名の位置.
VariableDescriptionRange	変数の説明の位置.
VariableUnitsRange	変数の単位の位置.
MissingRule	欠損データを管理する方法.
ImportErrorRule	インポートエラーを処理する方法.

次に，インポートするデータが入力されているシートとデータの範囲を指定します．シートとデータの範囲を指定する場合，それぞれ，`opts.Sheet = "111116-135044_UG（電力・効率）";`，`opts.DataRange = "A2:O2409";` と入力して実行すると，変数 opts の Sheet プロパティに「'111116-135044_UG（電力・効率）'」が，`DataRange` プロパティに「`'A2:O2409'`」が設定されます．

続いて，列名とデータ型を指定します．列名とデータ型を指定する場合，それぞれ，`opts.VariableNames = ["NO", "Time", "ms", "W", "W1", "W2", "W3", "VarName8", "V", "A", "V1", "A1", "A2", "mV", "Kwm2"];`，`opts.VariableTypes = ["double", "datetime", "double", "double", "double", "double", "double", "double", "double", "double", "double", "double", "double", "double", "double"];` と入力して実行すると，変数 opts の VariableNames プロパティに指定した列名が，`VariableTypes` プロパティに指定したデータ型が設定されます．

そして，変数 Time のインポートオプションを指定します．変数 Time のインポートオプションを設定する場合，`opts = setvaropts(opts, "Time", "InputFormat", "");` と入力して実行すると，変数 Time の入力時のフォーマットが初期化されます．`setvaropts` 関数は，変数 opts 内の変数のインポートオプションを設定します．

`setvaropts` 関数の構文を**表 2.4** に示します．

表 2.4 `setvaropts` 関数の構文

構文	概要
`opts = setvaropts(opts,Name,Value)`	`Name,Value` 引数の指定に基づいて変数 `opts` 内の変数を更新．

最後に，Excel ファイルのデータをインポートします．Excel ファイルのデータをインポートする場合，`tbl = readtable("C:\Users\xxx\Documents\MATLAB\111116-135044_1_UG.xlsx", opts, "UseExcel", false);` と入力し実行すると，指定したファイル「`C:\Users\xxx\Documents\MATLAB\111116-135044_1_UG.xlsx`」が Microsoft Excel のインスタンスを起動せずに読み込まれます．そして，変数 `opts` で設定したオプションに従ってファイルがインポートされ，ワークスペースに 2408 × 15 table の変数 `tbl` が作成されます．

変数 `tbl` を**図 2.12** に示します．

	1 NO	2 Time	3 ms	4 W	5 W1	6 W2	7 W3	8 VarName8	9 V	10 A	11 V1	12 A1	13 A2	14 mV	15 Kwm2
1	1	2022/11/16 13:50:45	0	92.2429	20.5613	67.0956	675.1200	13.6632	17.3650	5.3120	13.3950	1.5350	5.0090	2.9100	0.5820
2	2	2022/11/16 13:50:46	0	92.9525	20.3317	68.8832	680.9200	13.6510	17.5780	5.2880	13.4380	1.5130	5.1260	2.9350	0.5870
3	3	2022/11/16 13:50:47	0	95.0560	20.2815	69.6890	681.6160	13.9457	18.5150	5.1340	13.5030	1.5020	5.1610	2.9380	0.5876
4	4	2022/11/16 13:50:48	0	95.0821	20.2935	69.5312	681.3840	13.9543	18.9030	5.0300	13.5380	1.4990	5.1360	2.9370	0.5874
5	5	2022/11/16 13:50:49	0	94.8952	20.2767	69.2934	687.8800	13.7953	19.1630	4.9520	13.5630	1.4950	5.1090	2.9650	0.5930
6	6	2022/11/16 13:50:50	0	92.8347	20.2543	68.1871	684.8640	13.5552	19.8280	4.6820	13.5480	1.4950	5.0330	2.9520	0.5904
7	7	2022/11/16 13:50:51	0	95.2043	20.3320	69.7952	679.9920	14.0008	18.9650	5.0200	13.6000	1.4950	5.1320	2.9310	0.5862
8	8	2022/11/16 13:50:52	0	95.1067	20.3571	69.8112	676.5120	14.0584	18.4030	5.1680	13.6350	1.4930	5.1200	2.9160	0.5832

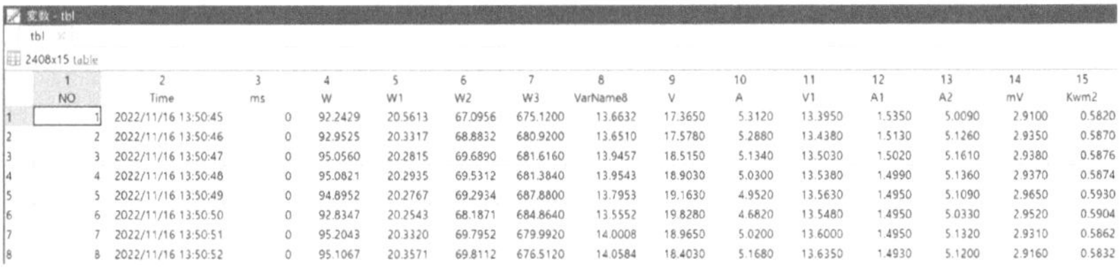

図 2.12 変数 `tbl`

この時点で，Excel ファイルは変数 `tbl` としてインポートされましたが，変数 `tbl` に含まれる 15 個の変数は MATLAB で使えるデータに変換されていません．そこで，インポートした 15 個の変数を MATLAB で使えるようにデータを変換します．この場合，変数ごとに以下のように入力して実行すると，ワークスペースに MATLAB で使える変数が作成されます．最後に，データをインポートするために作成した変数 `opts` と変数 `tbl` をワークスペースから削除します．ワークスペースからこれらの変数を削除する場合，`clear opts tbl` と入力して実行します．

コマンド	実行結果

`NO = tbl.NO;`
`Time = tbl.Time;`
`ms = tbl.ms;`
`W = tbl.W;`
`W1 = tbl.W1;`
`W2 = tbl.W2;`
`W3 = tbl.W3;`
`VarName8 = tbl.VarName8;`
`V = tbl.V;`
`A = tbl.A;`
`V1 = tbl.V1;`
`A1 = tbl.A1;`
`A2 = tbl.A2;`
`mV = tbl.mV;`
`Kwm2 = tbl.Kwm2;`
`clear opts tbl`
	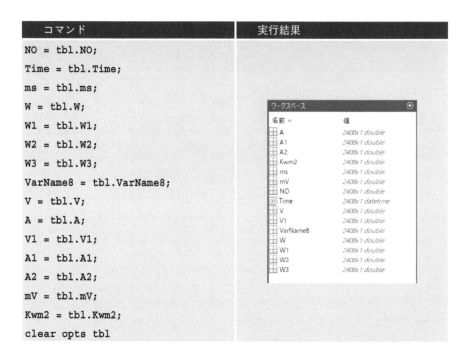

2.5.2 readmatrix 関数

`readmatrix` 関数は，ファイルから行列を作成する関数で，ファイルのインポートパラメーターの自動検出を実行するとともに，ファイルの拡張子からファイル形式を判定し，配列を作成します．数値とテキストが混在するファイルの場合，データを数値配列としてインポートします．

`readmatrix` 関数の構文を**表 2.5** に示します．

表 2.5 **`readmatrix`** 関数の構文

構文	概要
`a = readmatrix(filename)`	ファイルから列データを読み取ることによって配列を作成.
`a = readmatrix(filename,opts)`	インポートオプション（`opts`）を使用して配列を作成.
`a = readmatrix(___,Name,Value)`	1つ以上の名前と値のペアの引数で指定された追加のオプションを使用して，ファイルから配列を作成.

2.5.1 項で示した 1 〜 4 の手順でファイルインポートオプションを作成した後，

Excel ファイルをインポートします．Excel ファイルのデータをインポートする場合，**arr = readmatrix("C:\Users\xxx\Documents\MATLAB\111116-135044_1_UG.xlsx", opts, "UseExcel", false);** と入力し実行すると，「使い方によるエラー **matlab.io.ImportOptions/readmatrix** インポートオプションで選択された変数は同じデータ型でなければなりません。異種混合データをインポートするには、**readtable** を使用してください。」というメッセージが表示され，行列の作成が中止されます．

対策としては，**arr = readmatrix("C:\Users\xxx\Documents\MATLAB\111116-135044_1_UG.xlsx");** とファイル名のみ指定して実行する方法があります．この場合，指定したファイルがインポートされ，ワークスペースに2408 × 15 double の変数 **arr** が作成されます．

変数 **arr** を**図 2.13** に示します．変数 **tbl** と比較すると，各列に変数名が表示されていないこと，2 列目の日時データが「4.4882e+04」と表示されていることが確認できます．2 列目の日時データが正しく表示されていないのは，**datetime** 型ではなく，**double** 型としてインポートされるためです．

データ型が異なる変数を含むデータをインポートする場合は，**readtable** 関数を使用するとよいでしょう．

変数 - arr
arr
2408x15 double

	1	2	3	4	5	6	7	8	9	10	11	12	13	14	15
1	1	4.4882e+04	0	92.2429	20.5613	67.0956	675.1200	13.6632	17.3650	5.3120	13.3950	1.5350	5.0090	2.9100	0.5820
2	2	4.4882e+04	0	92.9525	20.3317	68.8832	680.9200	13.6510	17.5780	5.2880	13.4380	1.5130	5.1260	2.9350	0.5870
3	3	4.4882e+04	0	95.0560	20.2815	69.6890	681.6160	13.9457	18.5150	5.1340	13.5030	1.5020	5.1610	2.9380	0.5876
4	4	4.4882e+04	0	95.0821	20.2935	69.5312	681.3840	13.9543	18.9030	5.0300	13.5380	1.4990	5.1360	2.9370	0.5874
5	5	4.4882e+04	0	94.8952	20.2767	69.2934	687.8800	13.7953	19.1630	4.9520	13.5630	1.4950	5.1090	2.9650	0.5930
6	6	4.4882e+04	0	92.8347	20.2543	68.1871	684.8640	13.5552	19.8280	4.6820	13.5480	1.4950	5.0330	2.9520	0.5904
7	7	4.4882e+04	0	95.2043	20.3320	69.7952	679.9920	14.0008	18.9650	5.0200	13.6000	1.4950	5.1320	2.9310	0.5862
8	8	4.4882e+04	0	95.1067	20.3571	69.8112	676.5120	14.0584	18.4030	5.1680	13.6350	1.4930	5.1200	2.9160	0.5832

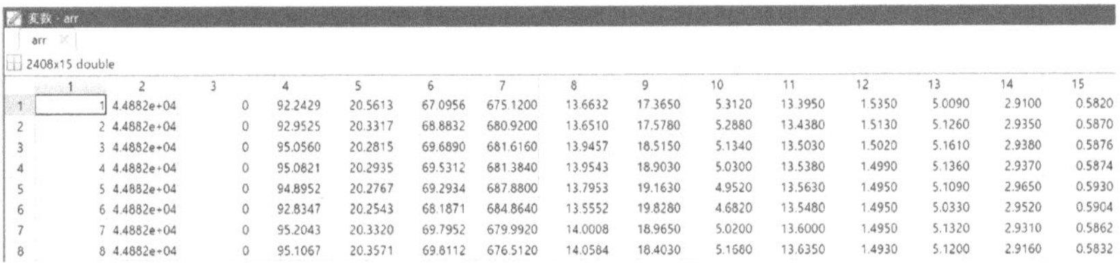

図 2.13　変数 **arr**

2.5.3 readcell 関数

readcell 関数は，ファイルから **cell** 配列を作成する関数で，ファイルのインポートパラメーターの自動検出を実行するとともに，ファイルの拡張子からファイル形式を判定し，**cell** 配列を作成します．

readcell 関数の構文を**表 2.6** に示します．

表2.6　**readcell** 関数の構文

構文	概要
`c = readcell(filename)`	ファイルから列データを読み取ることによって **cell** 配列を作成.
`c = readcell (filename,opts)`	インポートオプション（**opts**）を使用して **cell** 配列を作成.
`c = readcell (___,Name,Value)`	1つ以上の名前と値のペアの引数で指定された追加のオプションを使用して，ファイルから **cell** 配列を作成.

2.5.1項で示した1～4の手順でファイルインポートオプションを作成した後，Excelファイルをインポートします．Excelファイルのデータをインポートする場合，`cel = readcell("C:\Users\xxx\Documents\MATLAB\111116-135044_1_UG.xlsx", opts, "UseExcel", false);` と入力し実行すると，変数 **opts** で設定したオプションに従ってファイルがインポートされ，ワークスペースに2408 × 15 cellの変数 **cel** が作成されます．

変数 **cel** を**図2.14**に示します．変数 **tbl** と比較すると，各列に変数名が表示されていないこと，2列目の日時データが「1 × 1 datetime」と表示されていることが確認できます．**readtable** 関数を実行すると **table** 配列が作成され，**readcell** 関数を実行すると **cell** 配列が作成されます．**table** 配列が異なる型を含むことができる名前付き変数をもつ配列であるのに対し，**cell** 配列は名前付きの変数をもたない配列であるため，**図2.14**に示すようにファイルインポートオプションで設定した変数名がインポート時に反映されず，表示されないということになります．

データインポート関数の詳細については，マニュアル，オンラインヘルプなどを参照してください．

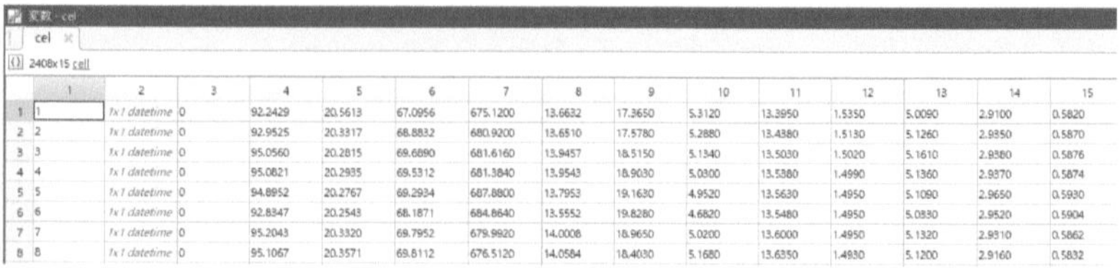

	1	2	3	4	5	6	7	8	9	10	11	12	13	14	15
1	1	1x1 datetime	0	92.2429	20.5613	67.0956	675.1200	13.6632	17.3650	5.3120	13.3950	1.5350	5.0090	2.9100	0.5820
2	2	1x1 datetime	0	92.9525	20.3317	68.8832	680.9200	13.6510	17.5780	5.2880	13.4380	1.5130	5.1260	2.9350	0.5870
3	3	1x1 datetime	0	95.0560	20.2815	69.6890	681.6160	13.9457	18.5150	5.1340	13.5030	1.5020	5.1610	2.9380	0.5876
4	4	1x1 datetime	0	95.0821	20.2935	69.5312	681.3840	13.9543	18.9030	5.0300	13.5380	1.4990	5.1360	2.9370	0.5874
5	5	1x1 datetime	0	94.8952	20.2767	69.2934	687.8800	13.7953	19.1630	4.9520	13.5630	1.4950	5.1090	2.9650	0.5930
6	6	1x1 datetime	0	92.8347	20.2543	68.1871	684.8640	13.5552	19.8280	4.6820	13.5480	1.4950	5.0830	2.9520	0.5904
7	7	1x1 datetime	0	95.2043	20.3320	69.7952	679.9920	14.0008	18.9650	5.0200	13.6000	1.4950	5.1320	2.9310	0.5862
8	8	1x1 datetime	0	95.1067	20.3571	69.8112	676.5120	14.0584	18.4030	5.1680	13.6350	1.4930	5.1200	2.9160	0.5832

図2.14　変数 **cel**

第3章
グラフィックス
—データの視覚化—

数値計算でデータを計算することは非常に大切です．そして，その計算結果の表示や，計測したデータから全体像を考察するためのグラフ化は非常に有用です．特に，2次元のみならず，3次元で表示することにより計算結果をさまざまな視点で観察することができます．また，計算結果をアニメーションにして動きのある状態で観察することも可能となっています．

MATLABは，Visualizationをうたい文句にしていた時期もあったくらい可視化の機能が非常にパワフルで，多くのコマンド，関数群が用意されています．この章では基本的なグラフィックスを中心にMATLABのグラフィックス機能を概観してみます．

3.1　figure 関数

MATLABのグラフはFigureウィンドウに描画します．Figureウィンドウ（ウィンドウを識別する整数値）を生成するのは **figure** 関数です．また **figure** 関数の戻り値はグラフィックハンドルです．新規に作成されたFigureウィンドウがカレントウィンドウ（アクティブなウィンドウ）になります．**plot** 関数などはカレントウィンドウに描画します．

複数のFigureウィンドウから任意のFigureウィンドウを指定するのにも **figure** 関数を使用します．**figure** 関数の引数にグラフィックハンドルを指定して実行すると，カレントウィンドウを変更することができます．また，開いているFigureウィンドウを閉じる場合は，**close** 関数を用います．**表3.1** に **figure** 関数，**close** 関数の書式を示します．

表 3.1 `figure` 関数，`close` 関数の書式

書式	機能
`figure(h)`	Figure ウィンドウのウィンドウハンドル **h** の登録とオープン．引数 **h** はウィンドウハンドル．新しいハンドルの場合は新規に Figure ウィンドウをオープンする．登録済みの場合は対応する Figure ウィンドウをアクティブ（カレントウィンドウ）にする．
`h = figure`	新規の Figure ウィンドウをオープンする．生成したウィンドウのハンドルを返す．
`close(h)`	指定されたウィンドウを閉じる．省略時はカレントの Figure ウィンドウを閉じる．**h** はオープンされているウィンドウのハンドルでなければならない．
`close all`	すべての Figure ウィンドウを閉じる．

あるいは `get` 関数に Figure ハンドルを引数とすれば Figure 全体の属性を取得することができます．単独の Figure ウィンドウあるいはカレント Figure ウィンドウの場合は `gcf` 関数で Figure ハンドルを取得することができます．

3.2 簡易な 2 次元グラフ

2.2 節で見たように，最も基本的なグラフ描画のやり方は，x 軸方向のデータ列と y 軸方向のデータ列を用意し，`plot` 関数を実行することです．このとき，`figure` 関数を実行せずに直接 `plot` 関数を実行すれば，新規の Figure ウィンドウがオープンします．たとえば，$y = -2x^3 + 4x^2 - 6x + 7$ を $0 \leqq x \leqq 3$ で描画してみます．ただし，x 軸上の変数の刻みを 0.01 とします．

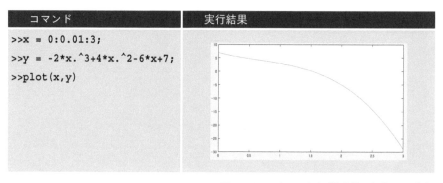

コマンド	実行結果

`>>x = 0:0.01:3;`
`>>y = -2*x.^3+4*x.^2-6*x+7;`
`>>plot(x,y)`	

Figure ウィンドウのサイズを手動で変更しています．

MATLAB ではツールストリップの「プロット」タブからも簡易的にグラフを作成することができます．この機能を使うと，ワークスペース内の選択した変数のグラフ

を描画できます．たとえば，下記の関数のグラフを「プロット」タブで描画してみます．この関数は

$$y = \omega\exp(-\omega t)\sin\omega t \tag{3.1}$$

で $\omega = 2.5$ とします．横軸の時刻 t の範囲が $0 \leqq t \leqq 8$，t の刻みは 0.01 としています．ここで時間変数 t は横ベクトルになります．

この関数では，ベクトルとしての計算ではなく，時系列データとして計算します．したがって演算子は要素同士の乗算（.*）を使います．当然のことながら今回はスカラー同士の演算になるので乗算演算でも構いません．まずはじめに時間データ列と時系列に応じた関数値を計算します．この計算結果は時系列データになります．

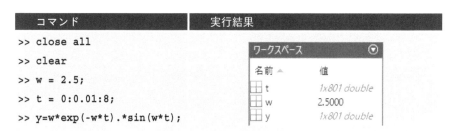

コマンド	実行結果
>> close all >> clear >> w = 2.5; >> t = 0:0.01:8; >> y=w*exp(-w*t).*sin(w*t);	

コマンドの先頭で **close all** と **clear** を実行していますので，すべての Figure ウィンドウをクローズし，ワークスペースの変数をクリアしています．

上記実行結果のように，ワークスペースに変数 t，w，y の3つの変数があります．このうちグラフに必要な変数は t，y の2つです．順番に，かつ同時に t と y を選択します．MATLAB では変数を選択した順番で，横軸データ，縦軸データの別を割り振っているので，順番は大切です．「同時に」は「Ctrl」キーを押しながらの操作で実現できます．すなわち，変数 t をクリックした後にキーボード上の「Ctrl」キーを押しながら変数 y をクリックします（**図3.1**）．

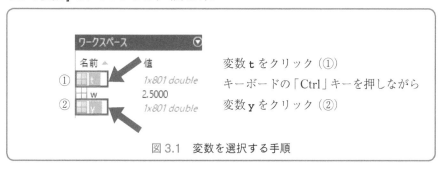

変数 t をクリック（①）
キーボードの「Ctrl」キーを押しながら
変数 y をクリック（②）

図 3.1 変数を選択する手順

　ツールストリップの「プロット」タブの `plot` では，先に選択した変数が独立変数（この場合は変数 t），後に選択した関数が従属変数（この場合は変数 y）となります．これは MATLAB の組み込み関数の `plot` 関数と同じ仕様にしていると思われます．

　次に MATLAB のツールストリップの「プロット」タブを選択します（**図 3.2(a)**）．これにより，ツールストリップにプロットメニューが現れます．ここで，「選択」を確認します（**図 3.2(b)**）．

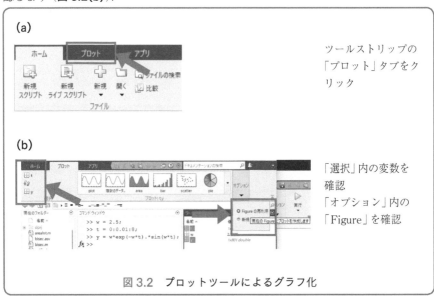

図 3.2　プロットツールによるグラフ化

　選択した変数の順番が違っていた場合には ![icon] をクリックし順番を入れ替えます．

　次に「オプション」でプロットを描画する Figure ウィンドウの確認をします（**図 3.2(b)**）．Figure ウィンドウがオープンされている場合にそのままウィンドウを使用（「Figure の再利用」）するか，新たな Figure ウィンドウ（「新規 Figure」）に描画するかを確認します．「プロット」するグラフの種類は逆三角形 ![icon] をクリックすることで確認できます．これをクリックすると現在のデータで描画できるグラフの一覧をみることができます．その右上にある「アイコン一覧」![icon] をクリックします（**図 3.3**）．あるいは，プロットの概要を確認しながら選択したいときには「リスト一覧」![icon] をクリックします（**図 3.4**）．前者の方法ではデフォルトの状態で，後者の方法では，プロットの種類ごとに概要を確認しながら，プロットを選択することができます．

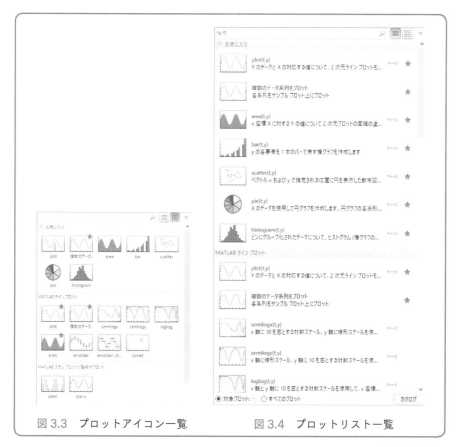

図 3.3　プロットアイコン一覧　　　図 3.4　プロットリスト一覧

　また，「リスト一覧」のプルダウンメニューの右下にある「カタログ」をクリックする
とプロットのヘルプ付きウィンドウ（「プロットカタログ」，**図 3.5**）から選択すること
ができます．この「プロットカタログ」には現在選択しているデータの組で描画できる
プロットが表示されていて，選択したデータ列が足らないものは選択できない状態で
表示されます．実際にはヘルプの内容をよく確認しながら適切なデータを選択するこ
とになります．また，「プロットカタログ」では描画したいグラフの詳しい説明をみる
こともできます．

図3.5 プロットカタログ

実行結果

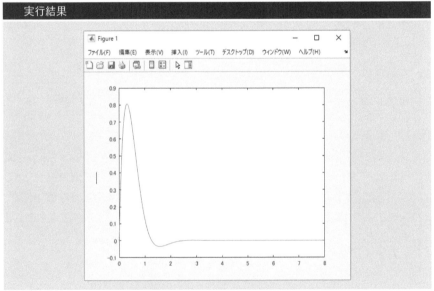

3.3 plot関数の詳細

前節で「プロット」タブからのグラフ描画をみてきました．ここでは plot 関数を用いたグラフ描画についてみていきたいと思います．この plot 関数にはグラフを

描画するための非常に優れた機能が実装されています．**表 3.2** に `plot` 関数の書式，
表 3.3 に色と線のスタイルを決める「ライン仕様の文字列構文」（LineSpec＝ Line
Specification）を示します．

表 3.2　主な `plot` 関数の書式

書式	概要
`plot(y)`	引数 y のデータと各値のインデックスのグラフを描画．引数 y が行列の場合は列方向のグラフを描画する．
`plot(x,y,LineSpec)`	LineSpec で指定されるラインでグラフを描画する．LineSpec については**表 3.3** を参照．
`plot(x1,y1,LineSpec1,...,` `xn,ny,LineSpecn)`	複数のグラフを 1 つの Figure ウィンドウに描画する．
`plot(...,'Name',Value)`	プロット属性を指定する．属性については**表 3.4** を参照．
`plot(tbl,xvar,yvar)`	`table` 型変数 `tbl` について行名 `xvar,yvar` でプロットする．

表 3.3　LineSpec

色指定		ラインスタイル	
キーワード	意味	キーワード	意味
y	黄	.	点
m	マゼンタ	o	丸
c	シアン	x	×印
r	赤	+	＋印
g	緑	*	＊印
b	青	-	‐印（アンダーバーを適用）
w	白	:	点線
k	黒	-.	鎖線
		--	破線

表3.4 プロット属性

属性	意味
Color	ラインの色を [R G B] の RGB ベクトルで指定.
LineStyle	ラインのスタイルを指定.
LineWidth	ライン幅.
Marker	マーカー.
MarkerEdgeColor	マーカーの輪郭の色. 色は RGB ベクトルで指定.
MarkerFaceColor	マーカー面の色. 色は RGB ベクトルで指定.
MarkerSize	マーカーサイズ.

現在のプロット属性は plot 関数の戻り値（1p = plot(・・・)）で取得できます.

例3.1 （グラフとマーカーのプロット）

$$h = \frac{1}{3\omega} humps(x) + \omega \exp(-\omega x) \cos\left(\omega x + \frac{\pi}{2}\right) \tag{3.2}$$

のグラフを区間 $-\frac{\pi}{2} \leqq x \leqq 2\pi$ で描画します. ただし, x の刻み 10 間隔で赤色の ×マーカーをプロットします. この×マーカーは横軸座標として x(1:10:end), 縦軸座標として h(1:10:end) とします. 範囲の end はデータの最後を示しています. $humps(x)$ は, MATLAB のデモ用に実装されている humps 関数

$$humps(x) = \frac{1}{(x-3)^2 + 0.01} + \frac{1}{(x-9)^2 + 0.04} - 0.6 \tag{3.3}$$

になっています. 詳細はコマンドラインで「help humps」として参照してください.

コマンド
```
>> x = -pi/2:pi/100:2*pi;
>> w = 1
>> h = humps(x)/(3*w) ...
 + w*exp(-w*x).*cos(w*x+pi/2);
>> plot(x(1:10:end),h(1:10:end),'xr',x,h)
```
実行結果

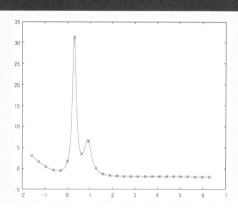

例 3.2 （線の太さと色の指定）

$$y = \frac{1}{10} humps(x) + \sin x \tag{3.4}$$

のグラフを区間 $-\dfrac{\pi}{2} \leqq x \leqq 2\pi$ でプロットします．ただし，ラインの太さは 2 ポイント，ラインの色は $[1\,0\,1]$ とします．

コマンド
```
>> x = linspace(-pi/2,2*pi);
>> y = humps(x)/10 + sin(x);
>> plot(x,y, 'LineWidth',2, ...
            'Color',[1 0 1])
```
実行結果

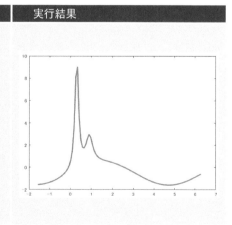

例 3.3 （table 型変数のグラフ化とプロットプロパティ変更）

基本周波数 $f = 1\,\text{Hz}$ から整数倍の周波数をもった正弦波波形の合成波形を描画します．

$$Amplitude(t) = \sum_{n=1}^{4} \sin(2\pi n f t) \tag{3.5}$$

このときの時間範囲を $0 \le t \le 2\pi$ とし刻みは $\text{dt} = \dfrac{\pi}{100}$ とします．合成波形は振幅を **Amplitude**，時間を **t** とする **table** 型変数 **wave** とします．またグラフの色は赤茶色にします．**table** 型変数によるグラフ描画は R2022a 以降のバージョンで実行できます．

コマンド

```
>> dt = pi/100; t = (0:dt:2*pi)';
>> f = 1; w = 2*pi*(1:4).*f;
>> Amplitude = sum(sin(w.*t),2);
>> wave = table(t,Amplitude);
>> tle = wave.Properties.VariableNames;
>> %grh1 = plot(wave.t, wave.Amplitude);% R2o22a より前のバージョン
>> grh1 = plot(wave,"t","Amplitude"); % R2022a 以降のバージョン
>> grh1.Color = [0.6350 0.0780 0.1840]; % 赤茶色に変更
>> grid on
>> HTitle = sprintf('%s(sec)',tle{1,1});
>> VTitle = sprintf('%s',tle{1,2});
>> xlabel(HTitle); ylabel(VTitle);
```

実行結果

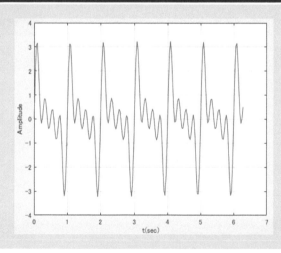

3.4 複数グラフ

1つのグラフにさまざまな条件を変えたときのグラフを表示したいときがあります．これにより異なる条件間の比較がわかりやすくなります．この節ではグラフを比較しやすくするための技法をみていきたいと思います．

3.4.1 単一プロットの複数グラフ表示

複数の実験データやパラメーターを変えた関数を比較のために1つの座標軸に示す例として，ここでは，1つの独立変数（角度）に対し複数の従属変数（正弦波）を描画してみます．独立変数はベクトル，従属変数は行列にすることで，単一の独立変数と複数の関数値との関係に対応します．

同一の独立変数から計算される従属変数なら，横ベクトルか縦ベクトルか，あまり意識することはありません．しかし，本来は，タイプ（横ベクトルか縦ベクトルか）は常に意識したほうがよいでしょう．

$0 \leqq x \leqq 2\pi$ での3つの関数（$\sin x$, $\sin 2x$, $\sin 3x$）のグラフを1つの領域に表示してみます．

コマンド
```
>>x=[0:0.1:2*pi];
>>y = [sin(x); sin(2*x); sin(3*x)];
>>plot(x,y)
```
実行結果

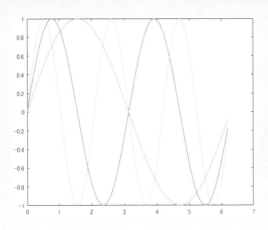

上記は行列を使用しましたが，個々のベクトルで描画する場合は，**hold**関数を使用

するという方法があります．`hold` 関数との併用は，M-ファイルや関数 M-ファイルで
活用します．`plot` 関数を実行するとデフォルトでカレント Figure ウィンドウに上書
きしてしまいますが，`hold` 関数を用いると同一の Figure ウィンドウに異なる `plot` 関
数の実行結果を描画することができます．当然のことながら独立変数ベクトルと従属
変数ベクトルは同じ長さである必要があります．

例 3.4 （`hold` 関数を用いた複数のグラフの描画）

$$y = \omega \exp(-\omega t)\sin\omega t \tag{3.6}$$

について，パラメーター $\omega = 2, 1.5, 1$ の 3 種類のグラフを，横軸 t を $0 \leqq t \leqq 8$，刻
みは 0.01 で描画します．

コマンド	実行結果
```>> t = 0:0.01:8;``` ```>> w = [2 1.5 1];``` ```>> y1 = w(1)*exp(-w(1)*t).*sin(w(1)*t);``` ```>> y2 = w(2)*exp(-w(2)*t).*sin(w(2)*t);``` ```>> y3 = w(3)*exp(-w(3)*t).*sin(w(3)*t);``` ```>> figure;``` ```>> hold on``` ```>> plot(t,y1,'Color',[1 0 0])``` ```>> plot(t,y2,'Color',[1 0 1])``` ```>> plot(t,y3,'Color',[0 1 1])```	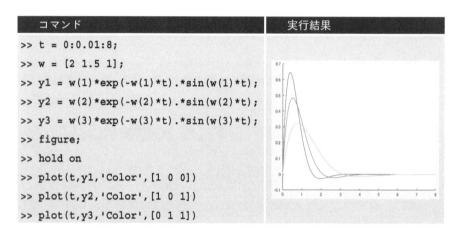

3.4.2 subplot 関数による複数グラフ

3.4.1 項では単一 Figure ウィンドウの単一プロットエリアで複数のグラフを描画し
ていました．これでも有用な資料となりえますが，もう 1 歩進んで，単一 Figure ウィ
ンドウで複数プロットエリアを作成する方法について概観してみます．

単一 Figure ウィンドウで複数のプロットエリアを生成するには `subplot` 関数を用
います．この関数は，Figure ウィンドウにプロットエリアを配列的に配置して指定し
ます．この関数の書式は

> `subFigHandle = subplot(m 行, n 列, p グリッド位置, 'Axes プロパティ名 ',`
> `値 )`

です．引数のうち，行数，列数，グリッド位置が必須です．この行列数と位置を 1
つにまとめて `[mnp]` という表現でも指定可能です．Axes プロパティ名および値は省

略可能で，省略されているときにはデフォルト値が採用されます．また，戻り値の**subFigHandle**には指定したAxesオブジェクトのハンドルが返されますので，後でこのハンドルを使い設定を変更することができます．**図3.6**に配置位置とグリッド位置の関係を示します．

subplot関数の引数m, nの値によって，プロットエリアの大きさが決まります．すなわち縦方向は1つのFigureウィンドウにm個，横方向はn個のプロットエリアが入ります．プロットエリアは$m \times n$個になります．その識別が横方向に順番に割り振られます．

subplot関数のみではグラフの描画は行われません．**subplot**関数の後に具体的な描画コマンドを記述します．

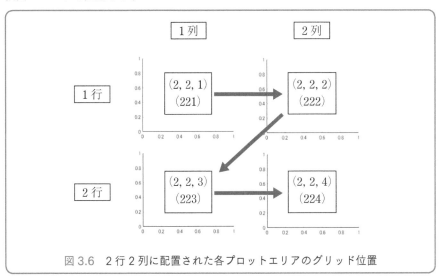

図3.6 2行2列に配置された各プロットエリアのグリッド位置

例3.5（3つの波形とその合成波の表示）

1つのFigureウィンドウの1列目（左側）には3つ（3行分），2列目には1つ（1行分）のプロットエリアを配置します．1列目のプロットエリアには上から基準周期，2倍の周期，3倍の周期のcos波形を描画します．ただし各波形の位相は異なります．2列目には左側の3つのcos波形を合成した波形を描画します．

コマンド

```
>> %データセット
>> x = 0:pi/100:2*pi;  ph = pi/6;
>> y(1,:) = cos(x+ph);        y(2,:) = cos(2*x+ph*2);
>> y(3,:) = cos(3*x+ph*3);  wave = sum(y);
>> figure;  %figure ウィンドウ
>> %左上のグラフ（基準周期）
>> subplot(3,2,1);  plot(x,y(1,:));grid on
>> title('Unit Frequency'),  axis([0 2*pi -1.1 1.1])
>> %左中のグラフ（2倍周期）
>> subplot(3,2,3); plot(x,y(2,:));grid on
>> title('x2 Frequency'),    axis([0 2*pi -1.1 1.1])
>> %左下のグラフ（3倍周期）
>> subplot(3,2,5); plot(x,y(3,:));grid on
>> title('x3 Frequency'),    axis([0 2*pi -1.1 1.1])
>> %右のグラフ（合成波）
>> subplot(1,2,2); plot(x,wave);grid on
>> title('Add Wave'),       axis([0 2*pi -1.5 3])
```

実行結果

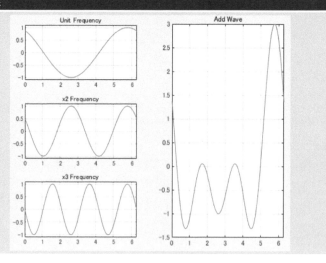

3.5 グラフの装飾

グラフをみやすくすることは非常に重要です．特に，学会の発表では短い時間内で理解しやすいグラフを提示することが求められます．また，企業内においてプレゼンテーション用資料としても見た目が重要になります．

3.5.1 コマンドによる装飾

3.4節までは，多少マーカーを加えたり，線の色や太さを指定したりする程度で，基本的には単純にグラフを描画してきました．しかし，実験レポートや論文でグラフを描画するときには，グラフにいろいろな装飾を施す必要があります．たとえば，グラフのタイトル，各軸タイトル，グリッドおよび凡例を表示したり，その形を指定したりしたいこともあるでしょう．

MATLABには，Figureウィンドウに対するコマンドが実装されています．**表3.5**にこれらコマンドの書式を示します．

表3.5(a)　グラフ装飾関連コマンド

コマンド	書式
xlabel(LabelString)	x軸のラベル表示． title関数と同じ仕様．
ylabel(LabelString)	y軸のラベル表示． title関数と同じ仕様．
zlabel(LabelString)	z軸のラベル表示． title関数と同じ仕様．
grid	2次元，3次元プロットのグリッド制御． 'on'，'off'，'minor' を選択できる．デフォルトは 'off'． grid単体ではグリッドラインの表示・非表示を切り替えることができる．

表 3.5(b) グラフ装飾関連コマンド

コマンド	書式
`title('Title')`	上部の中央に文字列 `Title` で構成されたタイトルを追加.
`title('Title',Name,Value)`	1つまたは複数の `Name`, `Value` のペア引数 (下記がその仕様) を使ってタイトル, プロパティを指定.

Name	Value
`'Color'`	テキストの色. RGB ベクトルまたは色文字で示す.
`'FontAngle'`	文字の傾斜 (イタリック体), 立体 (ローマン体) の別. `'normal'`, `'italic'` を選択できる. デフォルトは `'normal'`.
`'FontName'`	フォント名. フォント名を文字列で指定できる.
`'FontSize'`	フォントサイズ. 正の整数.
`'FontUnits'`	フォントサイズの単位. `'points'`, `'normalized'`, `'inches'`, `'centimeters'`, `'pixels'` を選択できる. デフォルトは `'points'`.
`'FontWidth'`	フォントの太さ. `'normal'`, `'bold'` を選択できる. デフォルトは `'normal'`.
`'Interpreter'`	文字の解釈. `'tex'`, `'latex'`, `'none'` で表される. デフォルトは `'tex'`.

コマンド	書式
`title(Axes_Handle,...)`	指定した `Axes_Handle` にタイトルを指定.
`legend('label1','label2', ...)`	各データセットのラベルに指定した文字列を使用して, 現在の座標軸に凡例を表示.

表 3.5(b) 続き　グラフ装飾関連コマンド

コマンド	書式
legend(. . . ,'Location', LocationName)	凡例の位置の指定. 下記のキーワードで指定. 主な位置は以下の通り.

Location	位置
'north'	座標軸内の上部.
'south'	座標軸内の下部.
'east'	座標軸内の右側.
'west'	座標軸内の左側.
'northeast'	座標軸内の右上部
'northwest'	座標軸内の左上部.
'southeast'	座標軸内の右下部.
'southwest'	座標軸内の左下部.
'best'	凡例の作成時に座標軸内でプロットデータへの干渉が最も少ない位置.

その他はオンラインヘルプ参照

例 3.6（グラフの装飾）

　次の List3.1 のスクリプトでグラフの装飾をします. グラフのタイトルを $y=\omega \exp(-\omega t)\cos(\omega t)$ とします. このグラフの凡例として ω の値を示します. 凡例の文字列を生成するのに sprintf 関数を使用します（sprintf 関数は基本的に C 言語の sprintf と同じ仕様になっています）. 詳細はオンラインヘルプを参照してください.

　また凡例やグラフのタイトルは TeX で表示します.

　スクリプトについては第 4 章を参照してください.

List3.1 Grh_deco.m

```
 1: % グラフの装飾サンプルスクリプト
 2: % Script name : Grh_deco.m
 3: % 色指定・TeX と凡例の装飾
 4:
 5: % データの計算と描画
 6: t = 0:0.01:8;   w = [2 1.5 1];
 7: y1=w(1)*exp(-w(1)*t).*cos(w(1)*t);
 8: y2=w(2)*exp(-w(2)*t).*cos(w(2)*t);
 9: y3=w(3)*exp(-w(3)*t).*cos(w(3)*t);
10: figure; hold on
11: plot(t,y1,'Color',[1 0 0]);
12: plot(t,y2,'Color',[1 0 1]);
13: plot(t,y3,'Color',[0 0 1]);
14: % グラフの装飾
15: % 説明文の生成と表示
16: omg = '\omega';
17: tle = sprintf('y=%sexp(-%st)cos(%st)',omega,omega,omega);
18: title(tle,'Interpreter','tex');
19: xlabel('x');    ylabel('y');
20: parm1 = sprintf('%s=%3.1f',omg,w(1));
21: parm2 = sprintf('%s=%3.1f',omg,w(2));
22: parm3 = sprintf('%s=%3.1f',omg,w(3));
23: legend(parm1,parm2,parm3, ocation','best');
24: grid on
```

実行結果

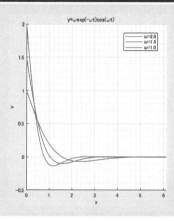

3.5.2 Figure 関連オブジェクトの装飾

これまではプロットの装飾をするのにいろいろなコマンドを使いました．同じこと を **set** 関数を使って行うことができます．この **set** 関数は MATLAB が取り扱うオ ブジェクトのプロパティの値の設定に対して機能します．またオブジェクトのプロパ ティ値を取得するには **get** 関数を使用します．

現在の Figure ウィンドウのオブジェクト（グラフィックハンドル）を取得するには **gcf** 関数を使います．この **gcf** 関数は，カレントウィンドウのハンドルを返します．さ らに **get** 関数を使えば，このハンドル値からウィンドウのオブジェクトのプロパティ 一覧を得ることができます．座標系（Axes オブジェクト）に関するオブジェクトには **gca** 関数を使用します．

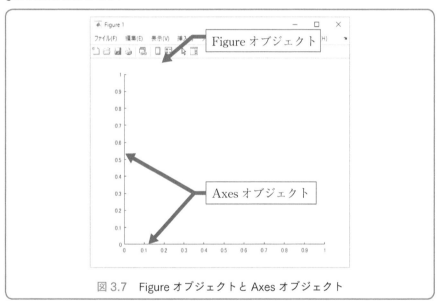

図 3.7　Figure オブジェクトと Axes オブジェクト

Figure オブジェクト，Axes オブジェクトのプロパティは非常に多彩で，すべてを 紹介すると本書の範囲を超えてしまいます．詳細はオンラインヘルプの「Figure のプ ロパティ」，および「Axes のプロパティ」の項を参照してください．ここでは一部の 機能を用いた装飾を行います．

例 3.7（Figure オブジェクトのプロパティによる装飾）

下記の関数によるグラフを表示します．このとき，タイトルバーにはパラメーター の値を表示し，Figure ウィンドウのメニューバーおよびツールボックスは非表示にし ます．また，凡例も表示し，横軸のグリッドは通常とします．縦軸のグリッドは横軸

の半分の間隔 (マイナーグリッド) にします.

$$y = (x - \omega \exp(-x)) \cos(x - \omega \frac{\pi}{3}) \tag{3.7}$$

ここで $\omega = -2, 0, 2$ についてのグラフを表示します. 独立変数 x の範囲は $-3 \leqq x \leqq 6$,

刻みを $\frac{\pi}{100}$ とします. 今回も少々長いコマンドなのでスクリプトにします.

```
List3.2 prop_deco.m
1:  % プロパティを使ったフィギュアウィンドウのグラフの装飾
2:  % Script name : prop_deco.m
3:
4:  % 範囲とグラフデータの設定
5:  dt = pi/100; x = -3:dt:6; w = -2:2:2;
6:  y(1,:) = (x-w(1).*exp(-x)).*cos(x-w(1)*pi/3);
7:  y(2,:) = (x-w(2).*exp(-x)).*cos(x-w(2)*pi/3);
8:  y(3,:) = (x-w(3).*exp(-x)).*cos(x-w(3)*pi/3);
9:  % タイトルと凡例の設定
10: omg = '\omega';
11: equ = sprintf('y=(x-%s)*exp(-x)cos(x-%s%s/3)',omg,omg,'\pi');
12: prm = {sprintf('%s=%3.1f',omg,w(1)); ...
13:         sprintf('%s=%3.1f',omg,w(2)); ...
14:         sprintf('%s=%3.1f',omg,w(3));};
15: % フィギュアウィンドウへのプロットと装飾
16: fig = figure;
17: plot(x,y,'LineWidth',1.5);
18: xlabel('x');    ylabel('y');    title(equ);
19: legend(prm,"Location","best");
20: set(fig,'NumberTitle','off');
21: fig.Name = sprintf('Parameters w=%3.1f to %3.1f',w(1),w(end));
22: fig.MenuBar = 'none';
23: set(gca,'XGrid','on');
24: set(gca,'YGrid','on');
```

実行結果

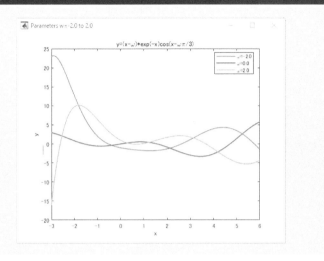

3.6 3次元グラフ

1変数の関数のグラフは関数の性質をみるためには非常に有用なツールといえるでしょう.ただ,物理現象などの空間的なふるまいを記述している関数は,多くの場合,多変数関数になっています.多変数関数のグラフに対しては3次元グラフを用います.

3.6.1 plot3 関数を用いた3次元グラフの描画

MATLAB では,3次元グラフの描画には **plot3** 関数を用います.その他の関数として **mesh** 関数や **surf** 系関数(色設定など複数存在)などがあります.はじめに理解しやすい **plot3** 関数を使ってロケットの軌跡をみてみます.2次元グラフ描画に使用した **plot** 関数と3次元グラフ用の **plot3** 関数の違いは軸の数のみです.したがって,各グラフの装飾などについては,大きなギャップは感じないで済むと思います.

例 3.8(ロケットの軌跡)

打ち上げ条件(ロケットの初速度(v):200 m/s,仰角(θ):85°,迎角(ψ):45°)で打ち上げます.このときの角度の単位に注意してください.この条件でロケットを打ち上げた軌跡を3次元でプロットします.ただし,空気抵抗,風の影響やロケットの回転は無視します.またシミュレーション条件としては,打ち上げを基準として時刻は40秒とします.

List3.3 rocket.m

```
 1:  % 3 次元でのロケット打ち上げシミュレーションスクリプト
 2:  % Script name : rocket.m
 3:  t = 0:1/10:40;
 4:  v = 200; % 初速度 (m/s)
 5:  sit = 85*(pi/180); % 仰角 θ
 6:  pus = 45*(pi/180); % 迎角 ψ
 7:  vx = v*cos(sit).*cos(pus);
 8:  vy = v*cos(sit).*sin(pus);
 9:  vz = v*sin(sit);
10:  L = length(t);
11:  g = 9.8; x = vx*t; y = vy*t; z = vz*t - 1/2*g*t.^2;
12:  u = gradient(x); v = gradient(y); w = gradient(z);
13:  scale = 0.5; rng = 1:round(L/10):(L-1);
14:  figure; hold on
15:  plot3(x,y,z)
16:  quiver3(x(rng),y(rng),z(rng), u(rng),v(rng),w(rng),scale);
17:  grid on
18:  xlabel('x'); ylabel('y'); zlabel('height');
```

3 次元回転アイコンにより視点を変更しています

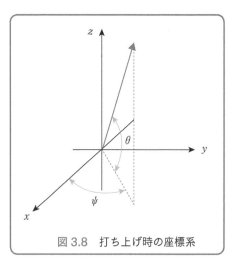

図 3.8　打ち上げ時の座標系

List3.3 の実行結果

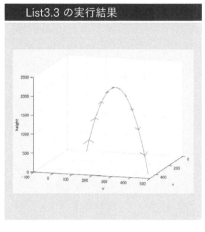

スクリプト rocket.m 実行後，3 次元回転アイコン（◉）で視点を変更しています．また，ここでは速度変化をみるために勾配（gradient）を計算しています．この勾配は

3次元の位置を $f(x,y,z)$ とすると

$$\mathrm{grad}\, f := \nabla f := \left(\frac{\partial f}{\partial x},\ \frac{\partial f}{\partial y},\ \frac{\partial f}{\partial z} \right) \tag{3.8}$$

で表されます.

この ∇ は $\nabla := \left(\dfrac{\partial}{\partial x},\ \dfrac{\partial}{\partial y},\ \dfrac{\partial}{\partial z} \right)$ と定義して演算子としても使用されます.

　この式から勾配は3次元の傾きになっています. この勾配は流体力学や電磁気学での基礎となっています.

　ロケットの軌跡と速度による勾配を描画しています. 軌跡から直接勾配を計算すると細かくなりすぎますので, 第2章と同様に, データを10個に1個の割合で残るように間引いています. `gradient` 関数についてはオンラインヘルプを参照してください.

3.6.2　meshgrid 関数

　2次元グラフでは独立変数ベクトルと従属変数ベクトルの2つのベクトルからグラフを描画することができました. これにより独立変数に対する従属変数の変化を把握しやすくなりました. 3次元グラフでは, 空間的な広がりをプロットするために, まず平面 (x-y 平面) のデータを用意します. この x-y 平面は格子状の2次元データにします. 格子状データを作成するために `meshgrid` 関数を用います. 詳細についてはオンラインヘルプを参照してください. `meshgrid` 関数は, x を n 次元行ベクトル, y を m 次元列ベクトルとして,

> **コマンド**
>
> `[X, Y] = meshgrid(x,y)`

のように使用します. これは,

$x = (x_1, x_2, \cdots x_n)$　n 次元行ベクトル
$y = (y_1, y_2, \cdots y_m)'$　m 次元列ベクトル　に対し,

$$\mathbf{X} = \begin{bmatrix} x_1 & x_2 & x_3 & \cdots & x_n \\ x_1 & x_2 & x_3 & \cdots & x_n \\ x_1 & x_2 & x_3 & \cdots & x_n \\ & & \vdots & & \\ x_1 & x_2 & x_3 & \cdots & x_n \end{bmatrix} \quad , \quad \mathbf{Y} = \begin{bmatrix} y_1 & y_1 & y_1 & \cdots & y_1 \\ y_2 & y_2 & y_2 & \cdots & y_2 \\ y_3 & y_3 & y_3 & \cdots & y_3 \\ & & \vdots & & \\ y_m & y_m & y_m & \cdots & y_m \end{bmatrix}$$

の行列を返します. 後は戻り値の行列 **X**, **Y** を使って縦軸 (*z*軸) のデータ行列を計算
します. その後は `mesh` 関数, `surf` 関数を使ってプロットします. 今回は `mesh` 関数
を使用した例として電位ポテンシャルを計算します.

例3.9 (電位ポテンシャルの3次元グラフの描画)

$x = y = (-10, 10)$, $p_1 = (-3, 3)$, $p_2 = (3, -3)$ および $q = 2 \times 10^{-6}$ の電位ポ
テンシャルを計算します. 今回は電気双極子による電位ポテンシャルと勾配を計算し
て描画します.

まず電気双極子による電場を計算します. 2点間 $p_1(x_1, y_1)$, $p_2(x_2, y_2)$ に置かれた電
荷の絶対値が等しい電気双極子のある点における電位 $V(x, y)$ は

$$V(x,\ y) = \frac{q}{4\pi\varepsilon_0}\Big(\frac{1}{r_+} - \frac{1}{r_-}\Big) \quad \because \begin{cases} r_+ = \sqrt{(x_1 - x_2)^2 + (y_1 - y_2)^2} \\ r_- = \sqrt{(x_1 + x_2)^2 + (y_1 + y_2)^2} \end{cases}$$

です.

MATLAB にはユーザ各自が関数を定義する関数 M-ファイルがあります. 今回は
関数 M-ファイル List3.4electDipole.m として

```
[V,E] = electDipole( x,y,p1,p2,q )
```

とします. この入力引数は,

x : 列ベクトル　電位ポテンシャルの描画する *x* 軸方向の範囲
y : 列ベクトル　電位ポテンシャルの描画する *y* 軸方向の範囲
p1, **p2** : それぞれの電気双極子の座標位置 **+q:=p1(x, y)**, **-q:=p2(x, y)**
q : スカラー　電荷量

出力引数は,

V : 行列　電位ポテンシャル
E : 行列　電位勾配

です. ここでは,

・新たに Figure ウィンドウを作成し, その中に描画
・描画する格子 (座標系) は関数内部で生成
・各軸の描画範囲を引数として与える

とします.

List3.4　electDipole.m

```
1:  function [ V, E ] = electDipole( x,y,p1,p2,q )
2:  %electDipole.m　電気双極子の計算
3:  %　　x-y平面上にある位置 p1(x1,y1) に q, 位置 p2(x2,y2) に -q の電荷を
4:  %　　置いたときの電位ポテンシャル V を計算し勾配 E をグラフ表示する.
5:  %　　ただし，格子点の間隔は等間隔を想定している.
6:  %　　書式
7:  %　　　　[ V, E ] = ElectDipole( x,y,p1,p2,q )
8:  %　　引数
9:  %　　　　x,y：x-y平面領域　 x = xa:xb,y = ya:yb
10: %　　　　p1,p2：電荷位置 p1(x1,y1),p2(x2,y2)
11: %　　　　q：電荷 p1 に q,p2 に -q
12: %　　戻り値
13: %　　　　V：電位ポテンシャル
14: %　　　　E：電位勾配
15:
16:      Vlimit = 10000;         % 特異点の限界値
17:      k = 9e9;                % k = 1/(4 π ε 0)
18:      [X,Y] = meshgrid(x,y);
19:      dx = x(2)-x(1); dy = y(2)-y(1);
20:      rp = sqrt((X-p1(1)).^2+(Y-p1(2)).^2);   %+q の電位ベクトル
21:      rm = sqrt((X-p2(1)).^2+(Y-p2(2)).^2);   %-q の電位ベクトル
22:      V = q*k*(1./rp - 1./rm);
23:      % 特異点の検出と対処
24:      i = find(V > Vlimit);   V(i) =  Vlimit*ones(length(i),1);
25:      i = find(V <-Vlimit);   V(i) = -Vlimit*ones(length(i),1);
26:      [Ex,Ey] = gradient(-V,dx,dy);       % 勾配
27:      E = sqrt(Ex.^2+Ey.^2+eps);
28:          % 各成分の正規化
29:          Ex = Ex./E;       Ey = Ey./E;
30:      figure; surfc(X,Y,V);
31:      xlabel('x'); ylabel('y'); zlabel('Potential V');
32:      title('The field and the potential of a dipole');
33:      hold on
34:      plot3(p1(1),p1(2),-Vlimit,'o');plot3(p1(1),p1(2),-Vlimit,'+');
35:      plot3(p2(1),p2(2),-Vlimit,'o');plot3(p2(1),p2(2),-Vlimit,'-');
```

```
36:     Z = -Vlimit*ones(size(Ex)); Ez = zeros(size(Ex));
37:                               % 勾配 ( 矢印 ) の表示
38:     quiver3(X(1:2:end),  Y(1:2:end),  Z(1:2:end), ...
39:              Ex(1:2:end), Ey(1:2:end), Ez(1:2:end));
40:     hold off
41: end
```

作成した関数 M- ファイルをカレントに保存すれば，実行時に MATLAB が自動的に読み込んでくれます．

コマンド	実行結果

`>> q = 2e-6;    % 電荷`
`>> x = -10:10;`
`>> y = x;`
`>> p1 = [3,-3];`
`>> p2 = -p1;`
`>> [V,E] = electDipole...`
`>> (x,y,p1,p2,q);`
	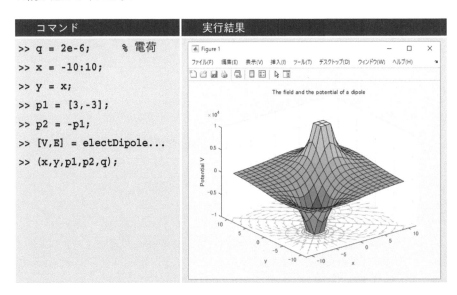

本章で述べきれなかった，さまざまなグラフィックスについて知りたいときは，上坂吉則（著）『MATLAB 可視化プログラミング』（牧野書店，2013）[1]など，ほかの文献を参照してください．

3.7 グラフの数式表示

MATLAB のグラフの多くは数式を描画するのに使用されると思います．そのようなときにグラフの説明に数式を用いることができます．この数式を描画するのに以前から TeX が使用できました．最近の MATLAB は LaTeX もサポートされています．Simulink のコメントにも LaTeX で数式を記述することができるようになり，こ

1）この本は現在入手困難ですので，Duane C. Hanselman，Bruce Littlefield（著）『Mastering MATLAB 7』（Pearson Education, Inc.，2015）などの文献も参考にしてください．

れによって，より理解しやすいドキュメントを作成することができるようになりました．LaTeX の詳細についてはインターネットやその他の書籍を参照してください．MATLAB の TeX については先述の『MATLAB 可視化プログラミング』を参照してください．

例 3.10 （方形波波形の描画）

周期 2π rad/s の基準周波数をもった方形波を 5 次までの sin 波形で近似します．n 次の方形波波形の式は

$$w(t) = \sum_{n=1}^{5} \frac{4}{\pi} \frac{1}{2n-1} \sin (2n-1) t$$

で近似できます．この例題では時間範囲は $0 \le t \le 3\pi$，刻みは $\dfrac{\pi}{40}$ とします．また上記の式を (6.5,0) 辺りに表示します．今回もスクリプトで実行します．

List 3.5 squareWave.m

```
1:   % 方形波の描画
2:   %    script name : squareWave.m
3:   %    範囲：0<=t<=3pi，次数：N = 5
4:   %    w = 4/pi*sum_n=1^N{1/(2n-1)*sin(2n-1)x}
5:   N = 5;
6:   dt = pi/40;
7:   t = (0:dt:3*pi)';
8:   [sm,sn] = size(t);
9:   y = zeros(N,sm);
10:  for n = 1:N
11:      y(n,:) = (4/pi)*(1/(2*n-1)*sin((2*n-1)*t));
12:  end
13:  w = sum(y);
14:  figure;
15:  plot(t,w);  grid on
16:  txt = '$$w=\sum_{n=1}^{5}\frac{4}{\pi}\frac{1}{2n-1}\sin (2n-1)t$$';
17:  text(6.2,-0.5,txt,'Interpreter','latex');      %LaTeX 書式で表示
18:  title('Square wave with sine wave up to 5th order');
19:  xlabel('$$ t $$(sec)','Interpreter','latex');   %LaTeX 書式で表示
20:  ylabel('Amplitude');
```

実行結果

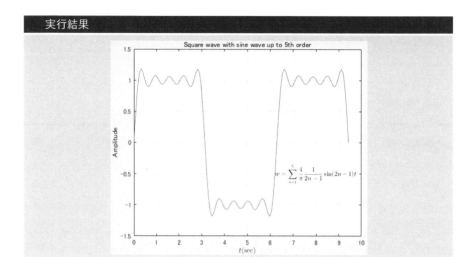

第4章
スクリプト
—M-ファイルと関数 M-ファイル—

　基本的に MATLAB のコマンド実行はコマンドライン上から行います．しかし，一連のコマンドの繰り返し実行などは，スクリプト（一連のコマンドを実行する機能）で実行したほうがかなり効率的な場合が多いです．また，本章で解説している関数 M-ファイルはほかの機能，特に微分方程式を計算するための ode 関数と密接な関係があります．習得しておいたほうがいいことは間違いありません．

　一般にどのようなプログラミング言語でも他者（特にその言語に精通したプログラマー）のコードを読むことは非常に有用です．そのコードの中にはその人のノウハウがぎっしり詰まっているものです．MATLAB のスクリプトファイルについても同様のことがいえます．今回は紙面の都合上，M-ファイルおよび関数 M-ファイルに限定します．

4.1　スクリプトファイルの種類

　すでに，第1章から第3章でも用いてきたように，MATLAB には，三角関数や指数関数などの関数が実装されています．このようなレディメイドの関数を，組み込み関数あるいはビルトイン関数といいます．

　これに対し，第3章で電位ポテンシャルの例（例 3.9）を考えたときに設計したような関数を，ユーザがそれぞれの必要に応じて作ることができます．これらには，**表4.1**に示すように，大きく分けて4種類のものがあります．以前からオブジェクト指向プログラミング（オブジェクト指向プログラム）が可能でしたが，最近の MATLAB R2008a から classdef キーワードが導入されて，一般的な OOP での記述が可能になりました．

　特殊なものとして，ライブスクリプトが導入されています．個人的にはスクリプトのドキュメント化に非常に貢献するものと思っています．通常，どのようなプログラムでもコードを作成して終わりではなく，そのプログラムが処理すべき内容を正確に記述することは非常に重要になります．

表 4.1 スクリプトファイル

使い方	ファイルの分類	ファイルの中身	拡張子
操作の自動化.	M-ファイル	コマンドを集めたファイルやスクリプトファイル.	.m
組み込み関数と同じように, 変数 (引数) を与えて, 結果 (戻り値) が返ってくる形で使う.	関数 M-ファイル	関数を定義するコマンドを集めたファイルやユーザ定義関数. グローバル変数とローカル変数の区別がある.	.m
アプリケーション開発.	プログラム開発	関数 M-ファイルを拡張し, オブジェクト指向プログラミングでシステム開発を行う.	.m
スクリプトの詳細な記述や実行結果の表示.	ライブスクリプト	通常のコマンド. コメントに数式, 実行結果の表示.	.mlx

4.2 M-ファイルの作成

M-ファイルはテキストファイルなので, どのようなエディターを用いても作成できます. ただ, MATLAB に装備されているエディターを使うと, M-ファイルの実行やデバッグを容易に行うことができます.

> **コマンドライン**
>
> `>>edit M-ファイル名 . 拡張子`

で MATLAB に実装されているエディターが起動します. また, 拡張子は省略可能で, 省略時は .m になります. **表 4.1** のライブスクリプトの場合, 拡張子は省略できません.

M-ファイルに名前 (主ファイル名) を付けるときには, MATLAB の変数名を付けるときと同じ規則に従わなくてはなりません. MATLAB 上では, 大文字, 小文字は区別されます. 数字や記号も使用可能ですが, 名前の先頭の文字はアルファベットとします. コマンドや組み込み関数名, 特殊定数など, MATLAB にあらかじめ関数や値が準備されているもの, 同時に使用する変数や関数の名前との重複は避けます. エディターを起動するには**表 4.2** の 2 通りの方法があります.

エディター上の変数には MATLAB のワークスペースで適用されるものと同じ変数規則が適用されます. このとき, M-ファイル内部で使用された変数はワークスペース内に残ります. これは, 単純に M-ファイル内のコマンドを実行するためです. 目的は何であれ, ワークスペース内で使用していた変数名と M-ファイル内で使用してい

た変数名が同じ場合には，後から実行されたM-ファイル内の変数の値に，ワークスペース内も書き換わってしまうので注意が必要です．また，関連して，変数をワークスペースと共有しているので，M-ファイルへ引数を引き渡すことができないことに注意しましょう．

表4.2　エディターの起動方法（ホームペイン）

画面の表示	起動の方法
新規 スクリプト	ホームペインから「新規スクリプト」をクリック．コマンドラインで `>> edit` としても同じ．
新規 ▼ ファイル	ホームペインから「新規」の逆三角形をクリック．作成可能なファイルの一覧から作成する種類を選択．スケルトンから内容を編集．

4.2.1　diary 関数による M-ファイルの作成

MATLABにはM-ファイルを作成するコマンドとしてdiary関数があります．このコマンドはコマンドライン上に入力したコマンドやその処理結果を指定したM-ファイルに保存することを意味します．diary関数の書式を**表4.3**に示します．

表4.3　diary 関数

書式	機能
`diary`	`diary`機能の on/off を切り替える．現在の状態は `get(0,'diary')` で取得可能． `diary on` 状態になったときはキーインのログを `diary` ファイルに記憶する．`diary off` が実行されるまで継続する．
`diary file_name`	指定された `file_name` にログを記憶する．M-ファイルの場合は拡張子 .m は省略できない．
`diary on/off`	明示的に `diary` 状態を切り替える．

ただし，**diary**関数でM-ファイルを作成するときは，計算結果までファイルに書き込まれてしまいます．**diary off** の後で，作成したファイルを編集し，実行結果などの不要な部分を削除する必要があります．

ユーザが作成した関数M-ファイル名をエディターに入力するだけで，メモリへのロードも行われます．メモリに読み込まれた関数は，意図的にアンロードしない限りはメモリに常駐します．アンロードする場合は**clear**関数で関数M-ファイル名を指

定します.

4.2.2 履歴ウィンドウからの作成

前記の`diary`関数はコマンドの動作を確認しながら M-ファイルを作成することが
できます. ただし, M-ファイルを作成した後に実行結果などを編集する必要がありま
す. これに対しコマンド履歴から M-ファイルを作成することが可能です. これはす
でに実行結果の確認がなされているので, 必要とする履歴を選択し,「スクリプトの
作成」を選択するのみです. 選択後, エディターにコピーされるので保存するときに
ファイル名を指定します. **図4.1** にコマンド履歴からのスクリプト作成例を示します.

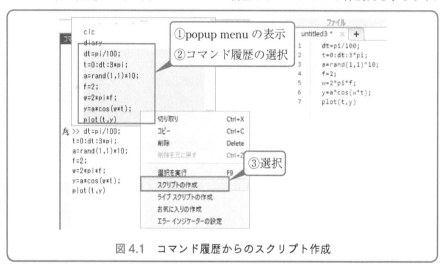

図4.1　コマンド履歴からのスクリプト作成

4.2.3 コメント

プログラミング初心者はコメントの重要性をあまり認識しないかもしれません. し
かし, 開発したスクリプトがどのような機能を有するのかはコードのみではわかり
づらいものがあります. 業務で開発したスクリプトは一時的なプログラムではなく,
チーム内で共有されたりメンテナンスされたりします. そのときにプログラム内に適
切な注釈(コメント)が記述されているとメンテナンスにかかる時間が大幅に違って
きます.

M-ファイルも関数 M-ファイルも先頭に記載されたコメントは特別な役割を担って
います. すなわち, 先頭に記載されたコメントは, そのプログラムの説明を記載しま
す. これにより, 以下のようにコマンドラインから `help` 関数を使ってプログラムの
説明を表示することができます.

コード	コマンド

`%Script name:tstSine.m`
`% ランダムな値の振幅をもった正弦（sin）波`
`% をグラフに表示します.`
`% この正弦波は 0<=t<=3 π までのグラフ.`
`% また周波数は 2Hz としています.`
`dt = pi/100;        % 時間刻み`
`t = 0:dt:3*pi;      % 時間範囲`
`a = rand(1,1)*10;   % 振幅(ランダムな値)`
`f = 2;`
`w = 2*pi*f;`
`y = a*cos(w*t);       % 波形の計算`
`plot(t,y)`
	`>> help tstsine`
	`Script name:tstSine.m`
	ランダムな値の振幅をもった正弦（sin）波
	をグラフに表示します.
	この正弦波は 0<=t<=3 π までのグラフ.
	また周波数は 2Hz としています.

4.3 関数 M-ファイル

基本的に関数M-ファイルはM-ファイルの先頭に `function` キーワードを付けるだけです. これだけで関数M-ファイルになります. 一般的に関数ですので，入力引数を処理して目的とする出力引数（戻り値）に加工しますが，入力引数がなくとも構いません. また，出力引数の数は制限がありません. ただしコーディング時に入出力引数を記述した場合は，実行時に値を受け取るための変数の数は変更できません. 戻り値を受け取らない場合は，受け取らない戻り値をチルダ（~）にします.

M-ファイルはMATLABのコマンドをまとめたテキストファイルです. MATLABのワークスペースは共有されてしまいます. プログラマーの立場からすれば，変数管理が煩雑になり，バグのもとになりやすいことが懸念されます. それに対し，関数M-ファイルはMATLABのワークスペース（0レベル）と異なるワークスペースになります. これによりMATLABで使用されている変数と関数内部の変数は明確に区別されます.

関数名を付けるときは

・一般の変数名と同じ命名則
・関数M-ファイル名は関数名と同じにする

とします. もし関数M-ファイル名と関数名が異なる場合，関数名は関数M-ファイル名として認識されます.

非常に単純ですが，円の半径を要素とする行列を受け取りそれぞれの半径の円の面

積を計算し戻す関数を考えます. 引数は実数を想定しています.

List 4.1 calCircle.m

```
1:  function area = calCircle(R)
2:  %area = calCircle(R)
3:  %   半径 R に対する円の面積を計算します. R は行列でも構いません.
4:  %   行列の場合, 各要素を個別の半径として計算します.
5:  %   引数は実数を想定しています. それ以外の型の場合, 動作は不定です.
6:      area = pi*R.^2;
7:  end
```

実行結果

```
>> help calCircle
 area = calCircle(R)
   半径 R に対する円の面積を計算します. R は行列でも構いません.
   行列の場合, 各要素を個別の半径として計算します.
   引数は実数を想定しています. それ以外の型の場合, 動作は不定です.
>> R = (1:3);
>> a = calCircle(R)              % 半径 R = 1,2,3
a =

    3.1416   12.5664   28.2743
```

List 4.1 calCircle.m の1行目に関数M-ファイルである **function** キーワードが記述されています. MATLAB は **function** キーワードから7行目の **end** までを1つの関数として認識します. この **end** は省略可能ですが, **end** を付けたほうがよいでしょう. ただし, 後に記述するサブ関数やローカル関数を記述する場合は省略できません.

2行目から5行目までの **%** が付いた行がコメント行になります. この部分は **help** 関数でワークスペースに表示されます. 今から実行しようとする関数M-ファイルのコメント分を確認することができます. このコメントに記述する内容は決まりがありませんが, 「どのような処理が行われるのか?」などを簡素で明確に記述しましょう. 実行結果の例のように **help** 関数でコメントを確認することができます.

4.4 M-ファイルの制御構造

どのようなスクリプト (プログラム) でも実行手順の流れを制御しながら目的とする結果を得る必要があります. 実行手順の制御のためにプログラミング言語と同じ制御構造が MATLAB には実装されています (**表4.4**). ただし, 繰り返し制御構造は

for ステートメントおよび **while** ステートメントしかありません．C言語などでの **do while** ステートメントのような後判定繰り返し制御構造はありませんので注意が必要です．

後判定繰り返しを用いたスクリプトを作成する場合には，判定部に真を指定（無限ループ）し，なおかつループから脱出する判定部を付けます．脱出する判定部を付けないと無限ループに陥ってしまい，ハングアップする可能性があります．

表 4.4　MATLAB 制御構造

構造化設計の基本的制御構造	MATLAB による制御構造
連接（コマンドを順番に実行）	ステートメントとしては特にない
選択	**if** ステートメント
複合選択	**switch-case** ステートメント
エラー処理	**try ～ catch** ステートメント
繰り返し	**while** ステートメント **for** ステートメント

4.4.1 if ステートメント

if ステートメントは二者択一を判断したいときに用いるステートメントです．この二者択一の判定条件は慎重に行うべきです．実は **if** ステートメントや **while** ステートメントの判定部が最もバグが潜みやすい部分です．通常，このバグは文法エラーではなく論理エラーになりますので，デバッグに非常に時間がかかるものです．

例 4.1（行列方程式の計算）

行列方程式 $\mathbf{A}x=b$ のうち，係数行列 $\mathbf{A}$，定数項ベクトル b を受け取り，解 x を計算する関数M-ファイルを設計します．設計する関数M-ファイルの仕様は以下のようにします．

関数の書式

```
[x, xstate] = solvMatrix(A,b)
```

入力

　A：係数行列（正方行列）

　b：定数項ベクトル（縦ベクトル）

戻り値

　　x：解ベクトル（縦ベクトル）

　　xstate：解の状態

特記事項：**xstate** の内容

- **A** が正方行列でないとき，あるいは正則でないとき **x = []**，**xstate = NaN** とし，この行列方程式には解が存在しない
- [**A** *b*] のランクが **A** のランクより小さいとき **x** として縦ベクトルが求まるが，**xstate = inf** とし，この行列方程式には一意の解が存在しない
- [**A** *b*] のランクが **A** のサイズと等しいとき **x** として縦ベクトルが求まり，**xstate = []** とし，この行列方程式には一意の解が存在する（**x** が計算できる）

```
List4.2    solvMatrix.m
 1:  function [x, xstate] = solvMatrix(A,b)
 2:  % Ax = b における行列方程式の解法（solvMatrix.m）
 3:  % 関数書式：[x, xstate] = solvMatrix(A,b)
 4:  % 入力引数
 5:  % A：正方行列    係数行列
 6:  % b：縦ベクトル  定数項ベクトル
 7:  % 出力（戻り値）
 8:  % x：縦ベクトル  解ベクトル
 9:  % xstate：変数   解の状態
10:  % 特記事項：
11:  % 戻り値の x, xstate の内容
12:  %     x = []          xstate = NaN    解が存在しない
13:  %     x = 縦ベクトル  xstate = inf    一意の解が存在しない
14:  %     x = 縦ベクトル  xstate = []     一意の解
15:     [m,n] = size(A);    % 係数行列のサイズチェック
16:     if m ~= n
17:         x = [];
18:         xstate = '行列 A は正方行列である必要があります';
19:         return;
20:     end
21:     rA = rank(A);    rAb = rank([A b]);
22:     if rA ~= rAb        % 解の存在のチェック
23:         x = [];      xstate = NaN;            % 解は存在しない
```

```
24:     else
25:         x = A \ b;
26:         if rAb < m        % 解の一意性のチェック
27:             xstate = inf;  % 一意の解が存在しない
28:         else
29:             xstate = [];    % 一意の解
30:         end
31:     end
32: end
```

●テストケース1　一意の解

このユーザ関数に対して係数行列 A が 4×4 ヒルベルト行列，定数ベクトル $b = [1 \ 2 \ 3 \ 4]' \frac{1}{10}$ とします．この場合は一意の解が存在します．

コマンド	計算結果	
`>> A = hilb(4);`		
`>> b = (1:4)'/10;`		
`>> [x,xstate] = solvMatrix(A,b)`	`x =`	`xstate =`
	`-6.4000`	`[]`
	`90.0000`	
	`-252.0000`	
	`182.0000`	

今回のように戻り値が不要な場合は戻り値の変数をチルダ（~）に置き換えることができます．つまり，上記の場合では必ず一意の解になることがわかっていますので，

コマンド	実行結果
`>> [x, ~] = solvMatrix(A,b)`	`x =`
	`-6.4000`
	`90.0000`
	`-252.0000`
	`182.0000`

とすることも可能です．

●テストケース2　解が存在しない

ヒルベルト行列を4倍し，1行目と3行目を入れ替えた係数行列 A に対して，先ほどと同じ定数ベクトルで解を求めてみます．この組み合わせだと，rank(A) $\neq$ rank([A b]) となり，解は存在しません．

コマンド	計算結果
`>> A(3,:) = A(1,:) * 4;` `>> [x,xstate] = solvMatrix(A,b)`	`x =`　　　　　　　`xstate =` 　　`[]`　　　　　　　　`NaN`

●テストケース3　一意の解が存在しない

　次に解が存在しない場合について計算してみます．先ほどの係数行列に対し，第3要素をもとの第1要素の4倍に置き換えたベクトルを新たな係数ベクトルとして解を求めてみます．当然のことながら，この組み合わせだと，一意の解は存在しません．

コマンド	計算結果

`>> b(3) = b(1) * 4;`
`>> [x,xstate] = solvMatrix(A,b);`
	`15 [m,n] = size(A);` % 係数行列のサイズチェック
	警告：行列が特異なため、正確に処理できません。
	`> solvMatrix（行25）内`
	`x =`　　　　　　　`xstate =`
	　`NaN`　　　　　　　`Inf`
	　`NaN`
	　`NaN`
	　`NaN`

4.4.2 for ステートメント

　通常のプログラムでは，配列処理などで指定した回数ループすることがよくあります．配列とは，同一型の複数のデータを連続的に並べたものです．ただ，MATLABでは行列演算が主体です．行列を配列として処理するか，そのまま行列として計算するかを考慮することは非常に重要です．

例4.2（多項式に変数を代入した値の計算）

　多項式で表された関数の係数から関数値を計算するM-ファイルを作成します．多項式の計算アルゴリズムとしてはホーナー法（Horner's method）を用います．似たような関数にMATLABの組み込み関数の`polyval`があります．詳細はMATLABのオンラインヘルプを参照してください．

　ここでホーナー法とは，ある関数がxのn次の多項式

$$y = a_n x^n + a_{n-1} x^{n-1} + \cdots + a_1 x + a_0$$

で表現されている場合,

$$y = (\cdots(((a_n x + a_{n-1})x + a_{n-2})x + a_{n-3})x + \cdots + a_1)x + a_0 \tag{4.1}$$

で記述できることを利用した計算アルゴリズムです. 関数M-ファイルの仕様としては
書式

```
y=myHorner(a,x);
```

入力引数

　　x：関数値を求めるための変数 (スカラー値)
　　a：降順の係数ベクトル (係数ベクトル)
出力引数
　　y：**x** に対する関数値 (スカラー値)

とします. ここで計算に用いる変数 **x**, **a** が想定しているタイプ (実数) でない場合の
動作は不定とします.

List 4.3 myHorner.m

```
1:  function y = myHorner(a,x)
2:  % myHorner  Horner 法を用いた多項式関数値の計算
3:  %
4:  %  入力引数
5:  %     x：スカラー  関数値を求めるための変数
6:  %     a：係数ベクトル  x の次数について降順に並べたベクトル
7:  %  戻り値
8:  %     y：スカラー  x に対する関数値
9:  %  特記事項：
10: %     ・計算に用いる変数 x, a が指定したタイプでない場合の動作は不定
11:     n = length(a);
12:     y = a(1);
13:     for i = 2:n
14:         y = y * x + a(i);
15:     end
16: end
```

　テストケースとして $f(x) = 2x^4 + 5x^3 - x^2 + 2x + 1$ において $f(2)$ を計算します.
このときの戻り値として **y = 73** となります.

コマンド	計算結果
`>> a = [2 5 -1 2 1]; x = 2;` `>> y=myHorner(a,x)`	y = 73

4.4.3 while ステートメント

ループ構造をしたプログラムを作成するときに，ループ回数が事前にわからないことはよくあります．このようなときに while ステートメントを用いて，ループ継続条件が成り立っている間ループを行うようにします．この while ステートメントの使用上の注意点として必ずループが終了する条件を考えることが重要です．この条件がきちんと考えられていないと，バグの原因となり，最悪の場合 MATLAB そのものを強制終了せざるを得なくなることもあります．

例 4.3 （ヤコビ法による連立 1 次方程式の解）

連立 1 次方程式の反復解法の一種であるヤコビ法（Jacobi method）を用いて行列方程式 $\mathbf{A}x = b$ の解を計算します．ここでは，下記に示す係数行列 $\mathbf{A}$ に対し定数ベクトル b として $b = [1 \quad 2 \quad 3 \quad 4]'$ とします．また，解ベクトルの初期値を $x_{init} = [1 \quad 1 \quad 1 \quad 1]'$ とします．

$$\mathbf{A} = \begin{bmatrix} 4 & -1 & 1 & 1 \\ 1 & 10 & 2 & 1 \\ 2 & 1 & -5 & 1 \\ 2 & 2 & 2 & 2 \end{bmatrix}$$

このときの解を求めるための計算精度を 1e-2 とします．

ここで，ヤコビ法について説明しておきます．ヤコビ法は連立 1 次方程式の解法の 1 つで，解の初期値（仮の解）を与えて真の解を求めていく方法です．各方程式から各変数を求める式に変形します．すなわち，

$$\begin{aligned} a_{11}x_1 + a_{12}x_2 + \cdots + a_{1n}x_n &= b_1 \\ a_{21}x_1 + a_{22}x_2 + \cdots + a_{2n}x_n &= b_2 \\ &\vdots \\ a_{n1}x_1 + a_{n2}x_2 + \cdots + a_{nn}x_n &= b_n \end{aligned} \tag{4.2}$$

を

$$x_1 = \frac{1}{a_{11}}\{b_1 - (a_{12}x_2 + a_{13}x_3 + \cdots + a_{1n}x_n)\}$$

$$x_2 = \frac{1}{a_{22}}\{b_2 - (a_{21}x_1 + a_{23}x_3 + \cdots + a_{2n}x_n)\}$$

$$\vdots$$

$$x_n = \frac{1}{a_{nn}}\{b_n - (a_{n1}x_1 + a_{n2}x_2 + \cdots + a_{nn-1}x_{n-1})\}$$

(4.3)

と変形します．i 番目の方程式

$$x_i = \frac{1}{a_{ii}}\left(b_i - \sum_{j=1,j\neq i}^{n} a_{ij}x_j\right)$$

(4.4)

で考えます．適当な初期値を与え反復計算しながら真に近い値を求めます．すなわち，スタートから k 回反復した後の解を $x_i^{(k)}$ とすると，$x_i^{(k+1)}$ を，

$$x_i^{(k+1)} = x_i^{(k)} + \frac{1}{a_{ii}}\left(b_i - \sum_{j=1,j\neq i}^{n} a_{ij}x_j^{(k)}\right)$$

(4.5)

とします．収束条件（計算精度）を満たすまで，これを繰り返します．

今回作成する関数の仕様を下記に示します．

書式

```
[x,k] = solvJacobi(A,inix,b,JTol)
```

入力引数

    A：係数行列（正方行列）

    inix：解ベクトルの初期値（縦ベクトル）

    b：定数ベクトル（縦ベクトル）

    JTol：計算精度（スカラー値）

        空行列のときはデフォルトの 1e-5 を採用

出力引数

    x：解ベクトル（縦ベクトル）

    k：繰り返し回数（スカラー値）

特記事項

・係数行列が正方行列でない場合は `x = []`，`k = NaN` を返す

・対角要素に 0 がある場合は `x = []`，`k = -inf` を返す

・計算精度 `JTol` に空行列（`[]`）を指定したときはデフォルトとして 1e-5 とする

```
List 4.4   solvJacobi.m
1:  function [x,k]=solvJacobi(A,inix,b,JTol)
2:  %     Jacobi Method のテスト関数 M- ファイル
3:  %     Ax = b の行列方程式の解を Jacobi 法を使って求める.
4:  %     書式：[x,k] = solvJacobi(A,inix,b,JTol);
5:  % A：     正方行列      係数行列
6:  % inix：縦ベクトル    解ベクトルの初期値
7:  % b：      縦ベクトル   定数ベクトル
8:  % JTol：スカラー値    計算精度     空行列指定時はデフォルト値（1e-5）
9:  % 出力（戻り値）
10: % x：    縦ベクトル       解ベクトル
11: % k：    スカラー値       繰り返し回数
12:     [M,N] = size(A);
13:     if (M ~= N)                      % エラー：正方行列のチェック
14:         x = []; k = NaN;
15:         return;
16:     end
17:     dA = diag(A);
18:     if ~all(dA)                      % エラー：対角要素のチェック
19:         x = []; k = -inf;
20:         return;
21:     end
22:     if isempty(JTol)
23:         JTol = 1e-5;                 % デフォルトの計算精度 後で確認
24:     end
25:     invD = (dA .^ -1);               % 対角要素の逆数
26:     dX = inix;    x = inix;          % 初期値のセット
27:     k = 0;                           % ループ回数
28:     while (norm(dX)/norm(x)) > JTol  % 収束条件
29:         dX = (b-A*x).*invD;          % Jacobi Method
30:         x = x + dX;
31:         k = k + 1;
```

```
32:     end
33: end
```

コマンド	計算結果

`>>A =[4 -1 1 1;1 10 2 1; ...`
`    2 1 -5 1;2 2 2 2];`
`>>b = (1:4)'; inix = ones(4,1);`
`>> tol = 1e-2;`
`>> [x,k]=solvJacobi(A,inix,b,tol);`
`>> tx = A \ b;`
`>> [x, tx]'`	

```
                              ans =
                                 -0.3159    0.0223   -0.2153
                              2.4870
                                 -0.3171    0.0244   -0.2195
                              2.5122
```

　実行結果の上段が`solvJacobi`の計算結果です．このときの繰り返し回数（`k`）は10となっています．計算精度が1e-2ですので約0.01のオーダーで一致しています．組み込みでの活用ではこの計算精度を考慮しながら組み込むことになると思います．

　計算精度をデフォルトの値とする場合は，コマンドラインから`[x, k] = solvJacobi(A, inix, b, []);`と入力します．実引数が空行列かどうかの判定は22行目で行っています．この空行列は要素がない行列ですので，`isempty`関数を用いて判定することができます．この`isempty`関数は空行列の場合は真（true）を返し，空行列でない場合は偽（false）を返します．デフォルトの計算精度の場合，得られる解は精度のよいものになります．これは与えられた条件がこの回数で成り立ったというだけで，正しい解への収束を保証するものではありません．代数的に解を求めていないことに注意してください．

　ヤコビ法のほか，ガウス-ザイデル法（Gauss-Seidel method, List4.5）やSOR法（逐次加速緩和法：Successive Over-Relaxation method, 4.5.3項，例4.5）などの反復法は，係数行列の各要素をa_{ij}とすると，$|a_{ii}| \geq \sum_{j \neq i} |a_{ij}|$である行列に対して適用できることがわかっています．どのような正則行列に対しても収束するとは限りません．しかし，係数行列が対角成分はすべて非ゼロである大きな疎行列ならば，ガウスの消去法などよりも計算負荷は少なくてすみます．このため，偏微分方程式を解くときに活用できます．ただし，反復法では対象とする係数行列の数学的性質，初期値の与え方

や計算精度の与え方を十分に検討する必要があります.

List4.5 にガウス-ザイデル法による行列方程式の解を計算する関数 M-ファイルを示します. 関数の第 1 引数に文字列 (**Jacobi** または **Gauss**) を指定して切り替えます. このガウス-ザイデル法とは係数行列を対角行列と三角行列に分けて考える連立 1 次方程式の解法です. 係数行列 $\mathbf{A}$ は

$$\mathbf{A} = \mathbf{D} + \mathbf{L} + \mathbf{U} \tag{4.6}$$

と分解することができます. ただし, $\mathbf{D}$ は $\mathbf{A}$ と対角成分が等しい対角行列, $\mathbf{L}$ は $\mathbf{A}$ から対角成分とそれより右上の成分を 0 にした下三角行列, $\mathbf{U}$ は $\mathbf{A}$ から対角成分とそれより左下の成分を 0 にした上三角行列です.

式 (4.6) を行列方程式 $\mathbf{A}x = b$ に代入すると,

$$(\mathbf{D} + \mathbf{L} + \mathbf{U})x = b$$
$$(\mathbf{D} + \mathbf{L})x = b - \mathbf{U}x \tag{4.7}$$

となります. ここで式 (4.7) に反復法を用いると,

$$(\mathbf{D} + \mathbf{L})x^{(k+1)} = b - \mathbf{U}x^{(k)}$$
$$x^{(k+1)} = \mathbf{D}^{-1}(b - \mathbf{L}x^{(k+1)} - \mathbf{U}x^{(k)}) \tag{4.8}$$

と計算することができます. 結局, 式 (4.8) で i 番目の解を計算するには

$$x_i^{(k+1)} = x_i^{(k)} + x_i$$

として計算できます.

ガウス-ザイデル法による関数 M-ファイルの仕様を下記に示します.

書式

    [x,k] = solvGasSei(A,b,inix,GTol)

入力引数

A:係数行列 (正方行列)

b:定数ベクトル (縦ベクトル)

inix:解ベクトルの初期値 (縦ベクトル)

GTol:計算精度 (スカラー値)

　　　　空行列のときはデフォルトの 1e-5 を採用

出力引数

    x：解ベクトル（縦ベクトル）

    k：繰り返し回数（スカラー値）

特記事項

・係数行列が正方行列でない場合は **x = [ ]**, **k = NaN** を返す

・対角要素に 0 がある場合は **x = [ ]**, **k = -inf** を返す

・計算精度 **JTol** に空行列（**[ ]**）を指定したときはデフォルトとして 1e-5 とする

List 4.5　solvGasSei.m

```
 1:  function [ x,k ] = solvGasSei(A,b,inix,GTol)
 2:  %solvGasSei.m Gauss-Seidel 法
 3:  %    Gauss-Seidel 法による行列方程式 Ax = b の解法
 4:  %    書式：[x,k] = solvGasSei(A,b,inix,GTol)
 5:  %    入力引数
 6:  %       A：正方行列      係数行列,     b：縦ベクトル      定数ベクトル
 7:  %       inix：縦ベクトル   解ベクトルの初期値
 8:  %       GTol：スカラー値   計算精度     空行列はデフォルト値（1e-5）
 9:  %    出力（戻り値）
10:  %       x：縦ベクトル      解ベクトル,   k：スカラー値      繰り返し回数
11:      [M,N] = size(A);
12:      % パラメーターのエラーチェック
13:      if (M ~= N)            % エラー：正方行列のチェック
14:          x = []; k = NaN;
15:          return;
16:      end
17:      dA = diag(A);
18:      if ~all(dA)            % エラー：対角要素のチェック
19:          x = []; k = -inf;
20:          return;
21:      end
22:      if isempty(GTol)
23:          GTol = 1e-5;               % デフォルトの計算精度
24:      end
```

```
25:     n = length(b);  x = inix;    k = 0;
26:     dX = ones(n,1);
27:     while (norm(dX) / norm(x)) > GTol
28:         for i = 1:n
29:             dX(i) = b(i) ./ dA(i);
30:             dX(i) = dX(i) - A(i,:)*x./dA(i);
31:             x(i) = x(i) + dX(i);
32:             k = k + 1;
33:         end
34:     end
35: end
```

4.4.4　複合選択（switch-case）ステートメント

`if` ステートメントは二者択一の選択でした．しかし，2つ以上の選択肢から判断したいこともあります．このようなときには `switch-case` ステートメントを使うことになります．この `switch-case` ステートメントは単独で用いるのではなく，`case` 節を併用します．また，判定に一致しない例外処理も記述可能です．

C言語にも `switch-case` ステートメントはあります．C言語の `switch-case` ステートメントの場合，`case` 節には `break` ステートメントを含めるのが一般的ですが，MATLAB の場合，`break` ステートメントは用いません．次の `case` 節または例外処理の `otherwise` 節（C言語の `default` 節）が来たときに自動的に `switch-case` ステートメントから抜けます．

また C言語の `case` 節では整数または `enum` 型しか判定できませんが，MATLAB の `case` 節では数値，文字列，`cell` 配列などで判定することができます．C言語よりもかなり柔軟なコードを記述することができます．

List4.4 と List4.5 で扱った2つの反復法のアルゴリズムを切り替える関数 M-ファイルを考えます．これは一種のゲートウェイ関数に相当します．関数の第1引数に文字列（`'Jacobi'` または `'Gauss'`）を指定して切り替えます．この例題の関数の仕様を下記に示します．

書式

    `[x,k] = solvIteration (Method,A,b,inix,Tol)`

入力引数

    `Method`：アルゴリズム名．`'Jacobi'` ならヤコビ法，`'Gauss'` ならガウス-ザイ

デル法（文字列）

    `A`：係数行列（正方行列）

    `b`：定数ベクトル（縦ベクトル）

    `inix`：解の初期値（縦ベクトル）

    `Tol`：計算精度（スカラー値）

        空行列の場合にはデフォルト値（10^{-5}）

出力引数

    `x`：解ベクトル（縦ベクトル）

    `k`：繰り返し回数（スカラー値）

特記事項

・係数行列 **A** が正方行列でない場合は `x = []`, `k = NaN`

・対角要素に 0 がある場合は `x = []`, `k = -inf`

・サポートされていないアルゴリズムの場合は `x = []`, `k =[]`

List4.6　solvIteration.m

```
 1: function [x,k] = solvIteration(Method,A,b,inix,Tol)
 2: %solvIteration.m
 3: % 反復法 (Jacobi 法または Gauss-Seidel 法 ) による行列方程式の解法
 4: % 反復アルゴリズムの選択は文字列引数で選択する.
 5: %      使用するアルゴリズム
 6: %           Jacobi 法 : solvJacobi 関数
 7: %           Gauss-Seidel 法 : solvGasSei 関数
 8: % 書式 : [x,k] = solvIteration (Method,A,b,inix,Tol)
 9: % 入力引数
10: %      Method : 文字列     アルゴリズム名   jacobi=Jacobi 法 /
11: %                                          gauss=Gauss-Seidel 法
12: %      A : 正方行列        係数行列
13: %      b : 縦ベクトル      定数ベクトル
14: %      inix : 縦ベクトル   解の初期値
15: %      Tol : スカラー値    計算精度 空行列はデフォルト値 (1e-5)
16: % 出力 (戻り値)
17: %      x : 縦ベクトル      解ベクトル
18: %      k : スカラー値      繰り返し回数
```

```
19:     if isempty(Tol)
20:         Tol = 1e-5;                  % デフォルトの計算精度
21:     end
22:     arg = lower(Method);       %   小文字に変換
23:     switch arg
24:     case    'jacobi'    %  Running Jacobi Method
25:                     [x,k]=solvJacobi(A,inix,b,Tol);
26:     case    'gauss'     %  Running Gauss-Seidel Method
27:                     [x,k]=solvGasSei(A,b,inix,Tol);
28:     otherwise
29:         disp('unknown Argorizum');
30:     end
31: end
```

　指定されたアルゴリズム（'Jacobi', 'Gauss'）を小文字に変換します．これは
入力されたアルゴリズム名を小文字に統一するためです．このアルゴリズム名を
switch-case ステートメントで振り分けています．

例4.4（アルゴリズムの切り替え）

　下記のような係数行列 $\mathbf{A}$ に対し，定数ベクトル b を $b = [1 \quad 2 \quad 3 \quad 4]'$ とする行
列方程式を，解ベクトルの初期値 $x_{init} = [1 \quad 1 \quad 1 \quad 1]'$ として求解を計算します．
solvIteration でそれぞれ 'Jacobi', 'Gauss' で計算します．またガウスの掃き出
し法（$x = \mathbf{A}^{-1}b$）で計算した結果と比較します．

$$
\mathbf{A} = \begin{bmatrix} 4 & -1 & 1 & 1 \\ 1 & 10 & 2 & 1 \\ 2 & 1 & -5 & 1 \\ 2 & 2 & 2 & 2 \end{bmatrix}
$$

```
コマンド
>>A =[4 -1  1 1;1 10 2 1; 2  1 -5 1;2  2 2 2];
>>b = (1:4)';  inix = ones(4,1);
>>[jx,jk]=solvIteration('Jacobi',A,b,inix,[]);
>>[gx,gk]=solvIteration('Gauss',A,b,inix,[]);
>> tx = A \ b; % 確認
>> [tx jx gx]
```
```
実行結果
ans =
 -0.3171  -0.3171  -0.3171
  0.0244   0.0244   0.0244
 -0.2195  -0.2195  -0.2195
  2.5122   2.5122   2.5122
```

4.5 応用的な関数 M-ファイルの作成

　今までの制御構造だけでも，それなりの関数M-ファイルを作成し，さまざまな数値解析を行うことができます．しかし，開発した関数M-ファイルを，ほかのユーザが使用するときには，どのような使われ方をするかわかりません．必ず作成者側の意図した使用方法（引数の指定）をしてくれるとは限りません．また，引数を指定するにも，決まりきった値をその都度指定するのは面倒です．したがって，引数の省略（可変引数）とエラー処理の実装を考慮する必要があります．

4.5.1 ローカル関数

　これまでは基本的に1つの関数M-ファイルに1つの関数を記述していました．これに対し，ローカル関数を使えば1つの関数 M-ファイルに複数の関数を記述することができます．このときは先頭に関数M-ファイル名と同じ関数名をもつ関数（メイン関数）を記述します．その後にローカル関数（サブ関数）を記述します．当然のことながら関数の終わりには **end** ステートメントを記述し，関数の区切りを明確にします（**図4.2**）．

　このローカル変数は外部からコールすることはできません．また **help** でコメントを表示するのはメイン関数のみです．また関数間ではプログラム言語のスコープ（適応範囲）と同じで相互のワークスペースは区別されます．したがって相互に変数は独立しています．

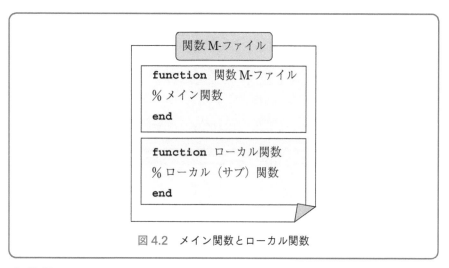

図 4.2　メイン関数とローカル関数

4.5.2　関数のスコープ

　M-ファイルを使っている場合は，MATLAB のワークスペースと変数は共有されています．これは他のプログラム言語のグローバル変数の取り扱いと同じです．この管理方式は非常に単純なのでお手軽です．しかし，比較的大きなスクリプトではバグの発生が多くなるという欠点があります．それに対し，関数 M-ファイルの変数は各関数によりスコープ（適応範囲）が異なります．また，メイン関数とサブ関数のスコープも明確に分かれています．しかし，入れ子関数はメイン関数とスコープが共有されています．**図 4.3** に各関数のスコープの関係を示します．

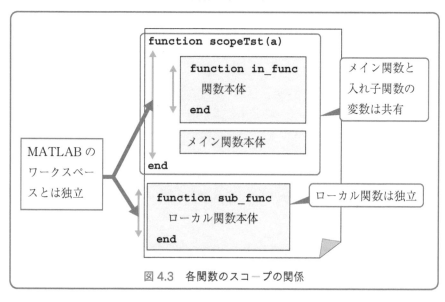

図 4.3　各関数のスコープの関係

4.5.3　可変引数の実装

ヤコビ法やガウス-ザイデル法の収束条件（**JTol** または **GTol**）の引数には，必ず値（空行列の場合もある）を指定していました．しかし，デフォルト値を入れるくらいなら引数そのものを省略したいものです．たとえば C++ の引数のデフォルト値のように省略時には想定した引数とするような機能があると便利です．この入力可変引数機能は **nargin** 変数，**varargin cell** 変数を用いることで実現できます．出力引数（戻り値）では **nargout** 変数および **varargout cell** 変数を使用します．

関数 M-ファイルが呼ばれたときに，いくつの実引数が渡されたかは **nargin** 変数の値で判定できます．また，その実引数の値は **varargin cell** 配列で得ることができます．

例 4.5（SOR 法による行列方程式の解法）

反復法のうち SOR 法を用いて連立 1 次方程式の解を計算します．緩和係数（あるいは加速パラメーター）ω を指定しますが，省略時は緩和係数を係数行列から計算することとします．この緩和係数はローカル関数で計算します．その他の関数仕様としては 4.4.3 項で作った **solvGasSei** 関数と同じとします．

ガウス-ザイデル法より，連立 1 次方程式の解は，$x_i^{(k+1)} = x_i^{(k)} + x_i$ で近似計算ができます．ここで，解の更新のときに，x_i を ω 倍すると収束が早まることが予想されます．そこで $x_i^{(k+1)} = x_i^{(k)} + x_i$ の x_i を ω 倍した

$$x_i^{(k+1)} = x_i^{(k)} + \omega x_i \tag{4.9}$$

として計算することにします．ここで，ω を緩和係数（あるいは加速パラメーター）と呼び，解の更新に式（4.9）を用いた方法を SOR 法（逐次加速緩和法：Successive Over-Relaxation method）と呼んでいます．一般的にこの ω の値の範囲は $1 < \omega \leq 2$ とします．$\omega = 1$ の場合にはガウス-ザイデル法になります．ごくまれに ω の値を 1 未満にする場合もあります．この場合には SUR 法（Successive Under-Relaxation method）と呼ばれます．

この緩和係数 ω はヤコビ法の反復行列のスペクトル半径 ρ から求めることができます（式（4.10），ヤングの公式）．

スペクトル半径 ρ は

$$\min_{\substack{i,j \\ i \neq j}} \left| \frac{a_{ij}}{a_{ii}} \right| \leq \rho \leq \max_{\substack{i,j \\ i \neq j}} \left| \frac{a_{ij}}{a_{ii}} \right|$$

として試算することができます．ここで，スペクトル半径 ρ と緩和係数 ω の関係は

$$\omega = \frac{2}{1 + \sqrt{1 - \rho^2}} \tag{4.10}$$

として試算できます．ここでは便宜上，スペクトル半径 ρ を $\min\limits_{\substack{i,j \\ i \neq j}}\left|\dfrac{a_{ij}}{a_{ii}}\right|$ と $\max\limits_{\substack{i,j \\ i \neq j}}\left|\dfrac{a_{ij}}{a_{ii}}\right|$ の算術平均としています．

SOR 法の関数仕様を下記に示します．

書式

    [x,k] = solvSOR(A,b,inix,STol,w)

入力引数

    A：係数行列（正方行列）
    b：定数ベクトル（縦ベクトル）
    inix：解ベクトルの初期値（縦ベクトル）
    STol：計算精度（スカラー値．省略可）
    w：緩和係数（スカラー値．省略可）

出力引数

    x：解ベクトル（縦ベクトル）
    k：繰り返し回数（スカラー値）

特記事項：省略可能な引数処理

    STol ＝ 省略時 1e-5
    w：省略時はスペクトル半径から緩和係数を試算
    STol, w ともに省略する場合，引数には何も記述しない．

List4.7　solvSOR.m

```
1: function [ x,k ] = solvSOR(A,b,inix,varargin)
2: %solvSOR.m SOR法 ( 逐次加速緩和法：Successive Over-Relaxation Method)
3: % SOR 法による行列方程式 Ax = b の解法
4: % 書式：[x,k] = solvSOR(A,b,inix,STol,w)
5: % STol,w は省略可．ただし，STol を省略し w を指定する場合は STol に空行列
6: % を指定すること．
7: % 入力引数
```

```
 8:    % A：係数行列 / b：定数ベクトル
 9:    % inix：解ベクトルの初期値
10:    % STol：計算精度 省略時はデフォルト値 (1e-5)
11:    % w：スカラー 緩和係数 w=1 で Gauss-Seidel 法での計算
12:    % 出力（戻り値）
13:    % x：解ベクトル / k：スカラー値 繰り返し回数
14:    % エラーコード
15:    % x = [] エラー
16:    % k = NaN 行列 A が正方行列ではない
17:    % k = -inf 行列 A の対角要素に 0 が含まれている
18:       [M,N] = size(A);
19:       % パラメーターのエラーチェック
20:       if (M ~= N) % エラー：正方行列のチェック
21:           x = []; k = NaN;     return;
22:       end
23:       dA = diag(A);
24:       if ~all(dA) % エラー：対角要素のチェック
25:           x = []; k = -inf;    return;
26:       end
27:       switch nargin
28:       case 3   % STol,w 省略時
29:               STol = 1e-5; % デフォルトの収束精度
30:               % スペクトル半径の試算
31:               [SpcRmin,SpcRmax] = SpecResdu(A);
32:               if SpcRmin == SpcRmax
33:                   rho = SpcRmax;
34:               else
35:                   rho = (SpcRmax + SpcRmin)/2;
36:               end
37:               w = 2 / (1+sqrt(1-rho^2)); % 緩和係数の計算
38:       case 4 % w 省略時
39:               STol = varargin{1};
40:               % スペクトル半径の試算
41:               [SpcRmin,SpcRmax] = SpecResdu(A);
42:               if SpcRmin == SpcRmax
43:                   rho = SpcRmax;
44:               else
```

```
45:                    rho = (SpcRmax + SpcRmin)/2;
46:            end
47:            w = 2 / (1+sqrt(1-rho^2));
48:     case 5 % 引数省略なし
49:            STol = varargin{1,1};
50:            if isempty(STol)
51:                STol = 1e-5;
52:            end
53:            w = varargin{1,2};
54:     end
55:     n = length(b); x = inix; k = 0;
56:     dX = ones(n,1);
57:     while (norm(dX) / norm(x)) > STol
58:        for i = 1:n
59:            dX(i) = b(i) ./ dA(i);
60:            dX(i) = dX(i) - A(i,:)*x./dA(i);
61:            x(i) = x(i) + w*dX(i); % SOR
62:        end
63:        k = k + 1;
64:     end
65: end
66:
67: function varargout = SpecResdu(A)
68: %SpecResdu.m 行列 A のスペクトル半径を試算する.
69: % スペクトル半径の計算
70: % min{|A(i,j)|/|A(i,i)|} <= ρ <= max{|A(i,j)|/|A(i,i)|}
71: % SOR 法による連立方程式の解法のための緩和係数を見積もるための
72: % スペクトル半径を試算する.
73: % 書式:
74: % [SpcRmin,SpcRmax,r] = SpecResdu(A)
75: % 引数: A 計算対象の行列
76: % 戻り値: SpecRmin 最小スペクトル半径 ( 必須 )
77: %         SpecRmax 最大スペクトル半径 ( 必須 )
78: %         r スペクトル半径ベクトル （オプション）
79:     [~,n] = size(A);
80:     r = zeros(1,n); d = diag(A);
81:     for i = 1:n
```

```
82:            for j = 1:n
83:                if i ~= j
84:                    r(i) = abs(A(i,j)) / abs(d(i));
85:                end
86:            end
87:        end
88:        varargout = cell(nargout);
89:        varargout(1) = {min(r)}; % SpecRmin
90:        varargout(2) = {max(r)}; % SpecRmax
91:        if 3 == nargout
92:            varargout(3) = {r};
93:        end
94: end
95:
```

例 4.6（SOR 法の実行）

下記に示すような $n \times n$（$n=7$）の帯行列 $\mathbf{A}$ を係数行列，$n \times 1$ の定数ベクトルを $\boldsymbol{b}$，解ベクトルの初期ベクトルを inix として解の近似を SOR 法で求めてみます．このときの計算精度をデフォルトの 1e-5 とし，緩和係数 ω はスペクトル半径から試算します．そのため solvSOR 関数には $\mathbf{A}$, $\boldsymbol{b}$, inix のみを渡します．また比較のために，ガウス - ザイデル法，左除算による求解と比較します．

$$\mathbf{A} = \begin{bmatrix} -2+\dfrac{h^2}{4} & 1 & & & & & \\ 1 & -2+\dfrac{h^2}{4} & 1 & & & \text{\huge 0} & \\ & 1 & -2+\dfrac{h^2}{4} & 1 & & & \\ & & 1 & -2+\dfrac{h^2}{4} & 1 & & \\ & & & 1 & -2+\dfrac{h^2}{4} & 1 & \\ & \text{\huge 0} & & & 1 & -2+\dfrac{h^2}{4} & 1 \\ & & & & & 1 & -2+\dfrac{h^2}{4} \end{bmatrix}$$

$$h = \frac{\pi}{n+1}$$

$$\boldsymbol{b} = [(h^4)^2 \quad (2h^4)^2 \quad (3h^4)^2 \quad (4h^4)^2 \quad (5h^4)^2 \quad (6h^4)^2 \quad (7h^4)^2]'$$

$$x_{init} = [1 \quad 1 \quad 1 \quad 1 \quad 1 \quad 1 \quad 1]'$$

コマンド	計算結果

```>> n = 7;```
```>> h = pi/(n+1);```
```>> A = (-2+h^2/4)*diag(ones(1,n));```
```>> A = A + (diag(ones(1,n-1),1) ...```
```   + diag(ones(1,n-1),-1));```
```>> b = h^4*((1:n)').^2;```
```>> iniX = ones(size(b));```
```>> [sx,sk]=solvSOR(A,b,iniX); % SOR```
```>> [gx,gk]=solvGasSei(A,b,iniX,[]);```
```>> x = A \ b;   % 真の値```
```>> [x gx sx]```
 	
```>> [gk sk]```
	
	```ans =```
	``` -1.4454 -1.4453 -1.4453```
	``` -2.8114 -2.8111 -2.8111```
	``` -3.9738 -3.9734 -3.9735```
	``` -4.7690 -4.7686 -4.7687```
	``` -4.9998 -4.9995 -4.9995```
	``` -4.4434 -4.4431 -4.4431```
	``` -2.8594 -2.8593 -2.8593```
	```ans =```
	``` 574 80```

　このように `varargin`, `varargout` および `argn`, `nargin`, `nargout` を活用すると，かなり柔軟な関数を作成することができます．ただし，今回のように必ず受け取る仮引数と省略した引数が混在するときは，やや煩雑な計算をすることになります．この対策として，すべて `varargin` で受け取り，関数内部で仕分けます．

　連立1次方程式の反復法による解法は，ヤコビ法，ガウス-ザイデル法，SOR法の順に精度がよくなっていきます．また，この反復法を用いたときの収束条件は，緩和係数 ω をスペクトル半径 ρ から試算し，その後はチューニングをするのが実用的です．

4.5.4　エラー処理

　スクリプトも簡易的なプログラミング言語とみなすことができます．プログラムの設計で非常に重要なことは安定した動作と正確な計算です．ここで，安定した動作とは，（スクリプト作成者とは異なる）ユーザがどのような使い方をしてもハングアップ

や異常終了をしないことを指します．ユーザの操作すべてに対応することは現実的で
はありませんが，ユーザの間違った操作（たとえば，引数の値として誤ったものを入
力すること）に対し，注意を喚起できると便利です．

　ここでは，値を判定しエラーメッセージを表示する手順を紹介します．エラーメッ
セージを表示するのには，**error** 関数を使用します．この関数は M-ファイルや関数
M-ファイルの実行を停止し，指定したエラーメッセージとエラーコードを表示するも
のです．通常，エラーメッセージを生成するには，文字列関数を使用します．

　たとえば，4.5.3 項で設計した SOR 法（List4.7　solvSOR.m）の緩和係数 ω の判定
を実装してみます．緩和係数 ω が指定されたとき，$1 < \omega \leqq 2$ の十分条件を満たさな
い場合にエラーメッセージを表示します．便宜上，関数 M-ファイル名を **solvSORerr**
とします．ここでは，変更部分のみを示します．

List4.8　solvSORerr.m

```
 1:  function [ x,k ] = solvSORerr(A,b,inix,varargin)
  ⋮                        ⋮
48:        case 5        % 引数省略なし
49:            STol = varargin{1,1};
50:            if isempty(STol)
51:                STol = 1e-5;
52:            end
53:            w = varargin{1,2};
54:            % 緩和係数の範囲チェック
55:            if (1 >= w) || (w >= 2) % 緩和係数が範囲外
56:                error(['指定した緩和係数 %f では発散する ', ...
57:                    '可能性があります \n'...
58:                    '緩和係数の値を再検討してください'],w);
59:            end
60:        end
  ⋮                        ⋮
```

　次に **try** ～ **catch** ステートメントを紹介します．ユーザが正しくない操作をした
場合にも，エラー処理をできる堅牢さをもっていると，よりよいソフトウェアといえ
るでしょう．しかし，ユーザが用いる値を 1 つ 1 つチェックしていると，プログラム
構造がかなり複雑になり，実行効率が著しく低下してしまいます．何とかしてエラー
をとらえ，そのエラーに対処するほうが効率的です．これを実現するのが，**try** ～
catch ステートメントです．

このステートメントは，プログラムの中でエラーが発生しやすい箇所を **try** と **catch** で挟み込むように構成します．そうすることによって，挟み込んだ箇所でエラーが発生したときに，**catch** 節以降に制御を移すことができます．ここにエラー処理を記述すれば，すっきりしたプログラム構造にすることができます．一般的にはファイルアクセスの部分によく用いられます．たとえば，ユーザが指定したファイル名にアクセスできないときにエラーメッセージを出力したりします．プログラム構成上，エラーの発生箇所（**try** と **catch** で挟んだ箇所）とエラー処理を記述する箇所が，List内で近い行になるので，エラー時の対応の記述がしやすいというメリットもあります．

数値計算の具体的な例として，挟みうち法（false position method）を用いて多項式を0とおいた代数方程式の解を求めます．想定されるエラーを **catch** 節でとらえ，エラーメッセージを表示するというエラー処理を行います．この挟みうち法は非線形方程式の解を計算する数値解析の手法の1つです．有名な2分法を改良したものです．2分法と同じように方程式の解の1つを検索していきます．

挟みうち法も2分法も，代数的な処理をして解を求めているわけではなく，解の一般形やすべての解が求められるわけではありませんが，与えられた代数方程式が $f(x) = 0$ で表され，f が連続関数なら，数値解の1つは，理論上は求められます．2分法では，指定された区間内を順次半分にしていくことで真の値に順次近づいていきます．半分にするときの区間の選択に，区間の端点での f の符号を用います．異符号の場合には，f が連続なら，その区間内に解が存在します．しかし，解の探索手順として，2分法はあまり効率的ではありません．

この欠点の対策として，区間の両端での f 上の点を通る直線が軸を横切る点 x_m を求めて，この点を次の段階の区間の端点とする方法があります（**図4.4**）．これが挟みうち法です．x_m は，$x_m = x_1 - \dfrac{(x_2 - x_1)f(x_1)}{f(x_2) - f(x_1)}$ で求めることができます．次にこの x_m から方程式の値 $f(x_m)$ を計算し，$f(x_1)$，$f(x_2)$，$f(x_m)$ の符号をチェックします．$f(x_1)$，$f(x_2)$，$f(x_m)$ の値の符号の組み合わせによって次に進むべき手順を決めます．

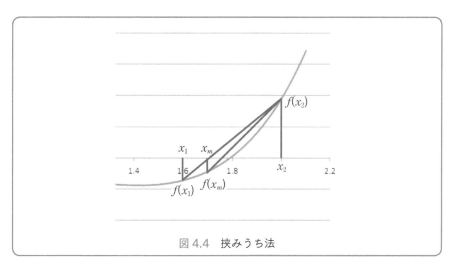

図 4.4　挟みうち法

挟みうち法の具体的なアルゴリズムは以下の通りです.

1.　（区間の端点での符号の取り出し）

$f(x_1)$ を計算し，符号を取り出します．その符号を f_1 とします．

$f(x_2)$ も計算し，符号を取り出します．その符号を f_2 とします．

一般に $f(x)$ の符号 f は

$f = 1\ (f(x) > 0\ のとき),\quad 0\ (f(x) = 0\ のとき),\quad -1\ (f(x) < 0\ のとき)$

で定義します（MATLAB の `sign` 関数を利用します）.

2.　（区間両端での関数の符号で判断）

$f_1 f_2 < 0$ ，すなわち f_1, f_2 は異符号　⇒　$[x_1,\ x_2]$ 内に解があると判断

$f_1 f_2 > 0$ ，すなわち f_1, f_2 は同符号

　　⇒　$[x_1,\ x_2]$ 内に解がないと判断　⇒　「解の存在が確認できない」エラーを表示

3.　（新しい区間の端点を決めてその点での f の符号を取り出す）

$$x_m = x_1 - \frac{(x_2 - x_1)f(x_1)}{f(x_2) - f(x_1)}\ とし,\ f_m は f(x_m) の符号とする$$

4.　（区間端の関数値（$f(x_1)$ と $f(x_2)$）の計算）

関数値（$f(x_1)$ と $f(x_2)$）が，ともに計算精度よりも小さければループを脱出

5.　（区間を分け，左右どちらに進むか判断）

$f_1 f_m < 0$, すなわち真の解が左側 $[x_1,\ x_m]$ にある

⇒　$x_2 = x_m,\ f_2 = f_m$ とおく

$f_2 f_m < 0$, すなわち真の解が右側 $[x_m,\ x_2]$ にある

⇒　$x_1 = x_m,\ f_1 = f_m$ とおく

6.（ループ回数確認）

　指定したループ回数より多くのループとなったら「解なし」のエラー

7.（$f(x)$ が十分に 0 に近くなり，区間が十分小さくなるまで繰り返し）

　$|f(x_1) - f(x_2)| > \varepsilon$ ，$|f(x_m)| > \varepsilon$ ならば 3.へループ

　この手順では，偶数次の重解をもつような方程式の解を求めることはできません．また，区間の設定によっては，解があってもエラーが返ってくることがあります．

　挟みうち法の関数仕様を下記に示します．

書式

```
xr = bisec(a,rt,tol,lmt)
```

入力引数

　a：多項式の係数ベクトル（横ベクトル）

　　　$f(x) = a_0 + a_1 x + a_2 x^2 + \cdots + a_n x^n \Rightarrow a = [a_0\ a_1\ a_2\ \cdots\ a_n]$

　rt：解が存在する区間（配列 $[x_1,\ x_2]$）

　tol：計算精度（スカラー値）

　lmt：ループ回数（整数）の上限（スカラー値）

出力引数

　xr：解（スカラー値）

特記事項

・区間内で関数値が同符号の場合には解が存在していてもエラーとして異常終了

・異常終了した場合は **xr = NaN**（数値以外）

・MATLAB の場合，多項式は昇順であるので注意

List4.9 bisec.m

```
1:  function [xr] = bisec(a,rt,tol,lmt)
2:  %binec.m bisection method
3:  %  係数ベクトル a の代数方程式 f の解を挟みうち法 (False Position Method)
4:  %  で求める.
5:  %  このときの解の精度は tol とする.
6:  %  書式
7:  %      xr = bisec(a,rt,tol,lmt)
8:  %  引数   a : 代数方程式 f の係数ベクトル
9:  %              f(x) = a(1)+a(2)*x+a(3)*x^2+ ... +a(n)*x^(n-1)
10: %          rt: 解が存在する区間 ( 配列 )
11: %              rt = [x1 x2] 解は x = x1 ～ x2 の間に存在すると仮定する
12: %          tol: 計算精度 ( 実数 )
13: %          lmt: ループ限界 ( 整数 )
14: %                  指定した回数で解が得られなかった
15: %  戻り値 xr: 解
16:     x1 = rt(1); x2 = rt(2);
17:     %   エラー定義
18:     ME1 = MException('BisctionMethodError:OutRange', ...
19:                       '区間 [%f %f] に解は存在しません',rt(1),rt(2));
20:     ME2 = MException('BisctionMethodError:OutCount', ...
21:                       ' 指定回数 %d で解が求められませんでした ',lmt);
22:     rtf1 = polyval(a,x1);    rtf2 = polyval(a,x2);
23:     xm = x1 - (x2 - x1)*rtf1/(rtf2 - rtf1);
24:     cnt = 1;
25:     while abs(rtf1-rtf2) > tol
26:         sgnf1 = sign(rtf1);    % f(x1) の符号取り出し
27:         sgnf2 = sign(rtf2);    % f(x2) の符号取り出し
28:         try     % 区間内の解の有無のチェック
29:             if sgnf1 == sgnf2   % f(x1) と f(x2) が同符号ならば解なし
30:                 xm = NaN;
31:                 error(ME1.identifier);   % エラーを発生
32:             end
33:         catch
34:             error(ME1.identifier,'%s\n%s',ME1.identifier,ME1.message);
35:         end
```

```
36:                    xm = x1 - (x2 - x1)*rtf1/(rtf2 - rtf1);  % False Position Method
37:                    fm = polyval(a,xm);  sgnfm = sign(fm);
38:                    if sgnfm == sgnf1
39:                        x1 = xm;          rtf1 = polyval(a,x1);
40:                    end
41:                    if sgnfm == sgnf2
42:                        x2 = xm;          rtf2 = polyval(a,x2);
43:                    end
44:                    % 解の判定
45:                    if abs(fm) <= tol
46:                        break;
47:                    end
48:                    try      % 無限ループ防止用
49:                        cnt = cnt + 1;
50:                        if cnt > lmt
51:                            xm = NaN;
52:                            error(ME2.identifier);  % エラーを発生
53:                        end
54:                    catch
55:                        error(ME2.identifier,'%s\n%s',ME2.identifier,ME2.message);
56:                    end
57:            end
58:            xr = xm;
59: end
```

例 4.7（多項式の解の計算）

テストケースとして次の多項式の解を求めてみます．解が存在する範囲として [1, 2] と書いてみます．

$$f = 1.4x^5 - 3.5x^4 + 3x^3 - 2.8x^2 + 1.3x + 0.3 = 0$$

コマンド	計算結果

```
>> a = [1.4 -3.5 3 -2.8 1.3 0.3];
>> rt = [1 2] % 解が存在する区間の
仮定
> tol = 1e-5;
>> x = -0.5:0.1:2.2;
>> y = polyval(a,x);
>> plot(x,y);grid on
```

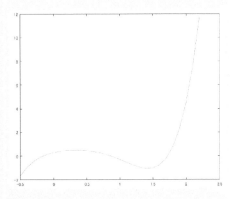

```
>> format('long'); format('compact');
>> xr = bisec(a,rt,tol,1e2)           xr =
                                          1.724689250849328

>> roots(a)                            ans =
                                          1.724689905996038 + 0.0000000000000000i
                                          0.038939804734879 + 0.943040784092146i
                                          0.038939804734879 - 0.943040784092146i
                                          0.859667796913305 + 0.0000000000000000i
                                         -0.162237312379099 + 0.0000000000000000i
```

　上記の実行結果では挟みうち法 **bisec** 関数による多項式の解を計算しています．その確認として **roots** 関数を用いて多項式の根を数値計算後に求めています．この結果，**bisec** 関数は **1.724689250849328**，**roots** 関数では **1.724689905996038 + 0.0000000000000000i** となっており，設定した計算精度にもよりますが，比較的よい結果が得られたことが確認できます．

　この関数 M-ファイル bisec.m は対象とする方程式の係数から $f(x_1)$ と $f(x_2)$ の値を計算（22 行目）します．$f(x_1)$ と $f(x_2)$ の値を計算するために **polyval** 関数（詳細はオンラインヘルプを参照）を用いています．次の **while** ループへ入るときに $f(x_1)$（変数 **rtf1**）と $f(x_2)$（変数 **rtf2**）の差の絶対値と計算精度を比較（25 行目の **while** の判定

部）します．

　もし，$f(x_1)$ と $f(x_2)$ の差の絶対値と計算精度の関係が成り立っていない（すでに計算精度に達している）場合は，x_m（23 行目で計算）を解とみなします．また，$f(x_1)$ と $f(x_2)$ の差の絶対値と計算精度の関係が成り立っている場合は while ループに入り解を検索します．

　2 つ目の try ～ catch で解の有無を判定しています．1 つ目の try ～ catch（28 行目～ 35 行目）では，関数値が同符号の場合（区間に解がないとき）catch 節に飛び込むため符号を比較しています．同符号ならば error 関数でエラーを発生させています．また解が区間内に存在しないことを表すため変数 xm に NaN 値を代入しています．また，2 つ目の try ～ catch（48 行目～ 56 行目）で仮定した区間で指定したループ回数（引数 lmt）よりもループが多くなったときに error 関数でエラーを発生させています．このとき 20 行目で定義したエラーを表示，xm に NaN 値を代入して解が存在していないことを表すようにしています．

　挟みうち法に関しては数値計算についての文献によく記載されています．詳しくはそれらの文献を参照してください．この関数 M-ファイルで注目していただきたいところは，try ～ catch ステートメントと error 関数の扱い方です．125 ページの List4.9 の 17 行目から 21 行目までが error 関数に関係しています．MException 関数で例外オブジェクトを作成しています．この関数 M-ファイルでは，ME1 は仮定した区間に解が存在するかに関するエラーメッセージをもった例外オブジェクト，ME2 はループ回数に関するエラーメッセージをもった例外オブジェクトです．これらのメッセージをもった例外オブジェクトを作成し，try 節でエラーの判定（29 行目と 50 行目）を行っています．ループ回数の限界を超えたとみなす（50 行目のエラーの判定）と error 関数で強制的に例外エラーを発生させています．このとき，ME2 の例外オブジェクトを識別するために identifier フィールド（プロパティ）を使っています（MException 関数についてはオンラインヘルプなどの資料を参照のこと）．発生させた例外エラーを受けて実行されるのが catch 節の error 関数になります．

4.5.5　関数の引き渡し（関数ハンドル）

　作成した関数 M-ファイルを状況に応じた関数で処理したいとします．初学者の場合，MATLAB のコマンドウィンドウで状況を確認しながら関数を実行することになります．そのようなときに一連の処理を関数内部でコーディングしておけば処理を自動化することができます．古い仕様ですが（R2022b でも実行可能），文字列を関数とみなして実行するには feval 関数を使用して実行することができます．あるいは str2func 関数を用いると関数名（文字列）から関数ハンドルに変換することができます．

　図 4.5 のように関数（文字列の関数名ではありません）を変数に格納することがで
き，これが関数ハンドルと呼ばれるものです．変数に関数ハンドルを格納するには非
常に単純で，関数名の前にアットマーク（@）を付けます．この@を付けるのは関数名
のみです．これにより変数に関数ハンドルを格納できます．この機能を活用すれば，
ユーザ作成の関数に別の関数を渡すことが可能となります．

```
>> f = @sin
f =
 値をもつ function_handle:
    @sin
>> f(pi)
ans =
   1.2246e-16
```

図 4.5　関数ハンドルの例

例 4.8（関数ハンドルを受け取る関数 M-ファイル）

　関数ハンドルを受け取るテスト用関数 M-ファイルとして，1 つの実数の引数を受け
取る関数ハンドルを受け取り，指定された範囲（引数で指定）のグラフを描画する関数
M-ファイルを作成します．

List 4.10 func_hand1.m

```
 1: function func_hand1(f,x)
 2: %func_hand(f,x)
 3: % 関数ハンドル f を受け取り，範囲 x で関数のグラフを描画する
 4: %
 5:     if(isa(f,"function_handle"))
 6:         %   関数ハンドルの場合
 7:         y = f(x);
 8:     elseif(ischar(f)||isstring(f))
 9:         %   関数名が文字列の場合
10:         y = feval(f,x);
11:     end
12:     figure;
13:     plot(x,y);grid on
14: end
```

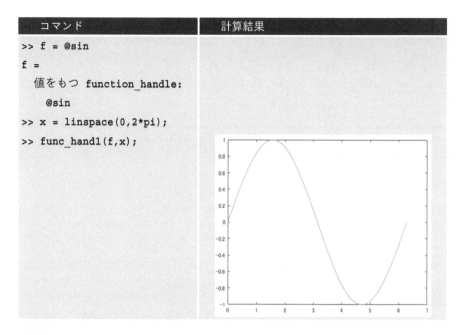

4.5.6 無名関数

4.5.5項でみたように関数ハンドルを活用することができました．同じ関数ハンドルである無名関数は非常に単純で，**図4.6**に示すようにアットマーク（@）の直後に実引数リストと関数本体を記述します．スペースを挟んで関数で計算する式を記述します．

ここに記述する式は1行程度です．判定などを内蔵するような式は上記のような関数M-ファイルにします．ここにはあくまでも単純な式を記載します．また，関数M-ファイルのような出力引数はありません．

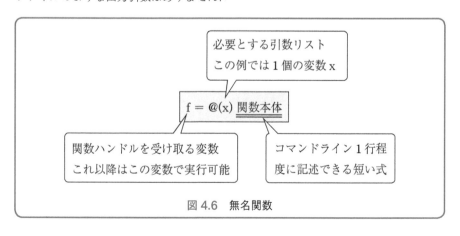

図4.6 無名関数

例 4.9 （無名関数によるグラフ描画）

$f(x) = \dfrac{1.5}{0.8e^{\frac{-x}{0.5}}} - \dfrac{1.2}{1.1e^{\frac{-x}{0.4}}}$ の曲線をグラフに描画します．ここで `x = 0:0.1:2` とします．

コマンド

```
>> f=@(x)   (1.5/0.8)*exp(-x/0.5)-(1.2/1.1)*exp(-x/0.4);
>> x = 0:0.1:2;
>> y = f(x);
>> plot(x,y);grid on
```

計算結果

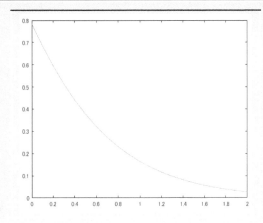

第5章
微分積分
―差分と積和―

　高等学校で学ぶ数学のうちで最も難解と感じられるのは，微分積分ではないでしょうか．微分積分を学ぶまでの数学では（方程式を含め）数値を計算することがメインになっています．ところが，微分積分になったとたんに極限値の考え方が入ってきて，混乱したのではないでしょうか．しかもいろいろな分野で，自然現象をモデル化し解析を行う場合，そのモデルは一般的に微分方程式や積分方程式になることが多いでしょう．

　微分や積分では連続量を取り扱いますが，現在のコンピュータでは離散（デジタル）的に数量を取り扱っています．したがって，MATLAB でも，微分や積分は離散的に取り扱うことになります．このため，モデル解析も，モデルを代数的に取り扱うのではなく，数値解析的に行うことになります．数値解析でモデルを解析する場合，アルゴリズムの選択が解に大きく影響を与えます．

5.1　微分

　力学系の計測では測定対象のデータは速度や加速度として計測されることが多いでしょう．たとえば，距離の微分が速度，速度の微分が加速度のような関係になっています．つまり距離の2階微分が加速度になります．微分を考えるとき，極限値の問題が絡んできます．この問題はシミュレーションの精度にも関係します．しかし現在のコンピュータではこの極限値を計算することはできません．したがって微分は差分として計算することになります．後述するように差分は差をとる方法によっていくつかの種類があります．

5.1.1　MATLAB における微分の基本的な考え方

　前記したように極限値は現在のコンピュータでは計算することができません．コンピュータ内のデータ長は有限ですので，極限値を計算できないのです．一般的にコンピュータで微分を計算する場合は，差分とみなして計算を行います．関数値を u，独立変数（これはたとえば時間）を t とすると微分は $\dfrac{du}{dt}$ と表記されます。分子分母の d は差分を表しています．したがって差分は

$$\frac{u(t + \Delta t) - u(t)}{\Delta t}$$

で置き換えて計算するのが一般的です. これは現時点（時刻 t）と次の時点（$t + \Delta t$）との間の差分です. これは現時点から次の時刻に向かうので前進差分とも呼ばれています. 前進差分を計算する関数として **diff** 関数を用います. この **diff** 関数の書式としては **表 5.1** の 2 つがあります. 微分が n 回できるように, 差分も n 回行うことができます. 1 回微分したものを 1 階微分, n 回微分したものを n 階微分というのと同様に, **diff** 関数についても n 回差分をとった n 階差分を考えることができます.

表 5.1　**diff** 関数

diff(x)	x の 1 階差分
diff(x,n)	x の n 階差分

要素数 **k** のベクトル **x** の差分 **diff(x)** のアルゴリズムは

diff(x) =(x(2) - x(1), x(3) - x(2), x(4) - x(3), … ,x(k) - x(k - 1))

として計算されます. この **diff** 関数の出力ベクトルは入力ベクトル x よりも 1 要素少ない（次数が 1 小さい）ベクトルになりますので注意が必要です. また x が行列の場合は行列 x の列間での差分になります.

このほかに下記に示すように, 過去の時点（$t - \Delta t$）からみて現時点（時刻 t）との差分を計算する後退差分, 現時点（時刻 t）とその前後の時点（（$t - \Delta t$）および（$t + \Delta t$））との差分を計算する中央差分があります.

前進差分　$$\frac{du}{dt} = \frac{u(t + \Delta t) - u(t)}{\Delta t} \tag{5.1}$$

中央差分　$$\frac{du}{dt} = \frac{u(t + \Delta t) - u(t - \Delta t)}{2\Delta t} \tag{5.2}$$

後退差分　$$\frac{du}{dt} = \frac{u(t) - u(t - \Delta t)}{\Delta t} \tag{5.3}$$

解析的にはテイラー級数展開からも求められます. このテイラー級数展開で誤差の見積もりも可能となります. 前進差分のテイラー級数展開は

$$u(t + \Delta t) = u(t) + \Delta t \frac{du}{dt} + \frac{\Delta t^2}{2}\frac{d^2 u}{dt^2} + \frac{\Delta t^3}{3!}\frac{d^3 u}{dt^3} + \cdots \tag{5.4}$$

から $\Delta t \to 0$ とすると 1 階微分は

$$\left.\frac{du}{dt}\right|_{\text{forward}} = \frac{u(t + \Delta t) - u(t)}{\Delta t} - \left(\frac{\Delta t}{2} \frac{d^2 u}{dt^2} + \frac{\Delta t^2}{3!} \frac{d^3 u}{dt^3} + \cdots \right)$$

$$\left.\frac{du}{dt}\right|_{\text{forward}} = \frac{u(t + \Delta t) - u(t)}{\Delta t} - e_f(\Delta t)$$

$$\text{ただし,} \quad e_f(\Delta t) = \frac{\Delta t}{2} \frac{d^2 u}{dt^2} + \frac{\Delta t^2}{3!} \frac{d^3 u}{dt^3} + \cdots \tag{5.5}$$

となります。ここで $e_f(\Delta t)$ は誤差を表します。また，下つきの forward で前進差分であることを示しています。定義域に比べ Δt が非常に小さいとすれば，この誤差は無視することができます。

後退差分も前進差分と同様にテイラー級数展開から求めることができます。すなわち，

$$u(t - \Delta t) = u(t) - \Delta t \frac{du}{dt} + \frac{\Delta t^2}{2} \frac{d^2 u}{dt^2} - \frac{\Delta t^3}{3!} \frac{d^3 u}{dt^3} + \cdots \tag{5.6}$$

前進微分と同様に

$$\left.\frac{du}{dt}\right|_{\text{backward}} = \frac{u(t) - u(t - \Delta t)}{\Delta t} - \left(-\frac{\Delta t}{2} \frac{d^2 u}{dt^2} + \frac{\Delta t^2}{3!} \frac{d^3 u}{dt^3} - \cdots \right)$$

$$\left.\frac{du}{dt}\right|_{\text{backward}} = \frac{u(t - \Delta t) - u(t)}{\Delta t} - e_b(\Delta t)$$

$$\text{ただし,} \quad e_b(\Delta t) = -\frac{\Delta t}{2} \frac{d^2 u}{dt^2} + \frac{\Delta t^2}{3!} \frac{d^3 u}{dt^3} - \cdots \tag{5.7}$$

となります。
中央差分は式（5.4）から式（5.6）を引いて求めます。

$$u(t + \Delta t) = u(t) + \Delta t \frac{du}{dt} + \frac{\Delta t^2}{2} \frac{d^2 u}{dt^2} + \frac{\Delta t^3}{3!} \frac{d^3 u}{dt^3} + \cdots$$

$$-u(t - \Delta t) = -u(t) + \Delta t \frac{du}{dt} - \frac{\Delta t^2}{2} \frac{d^2 u}{dt^2} + \frac{\Delta t^3}{3!} \frac{d^3 u}{dt^3} - \cdots$$

$$\therefore \quad u(t + \Delta t) - u(t - \Delta t) = 2\Delta t \frac{du}{dt} + 2 \frac{\Delta t^3}{3!} \frac{d^3 u}{dt^3} + 2 \frac{\Delta t^5}{5!} \frac{d^5 u}{dt^5} + \cdots$$

$$\frac{du}{dt}\bigg|_{center} = \frac{u(t + \Delta t) - u(t - \Delta t)}{2\Delta t} - \left(\frac{\Delta t^2}{3!}\frac{d^3 u}{dt^3} + \frac{\Delta t^4}{5!}\frac{d^5 u}{dt^5} + \cdots \right)$$

$$\frac{du}{dt}\bigg|_{center} = \frac{u(t + \Delta t) - u(t - \Delta t)}{2\Delta t} - e_c(\Delta t)$$

$$\text{ただし,} \quad e_c(\Delta t) = \frac{\Delta t^2}{3!}\frac{d^3 u}{dt^3} + \frac{\Delta t^4}{5!}\frac{d^5 u}{dt^5} + \cdots \tag{5.8}$$

式 (5.8) 右辺の第 1 項をそのまま実装すると,計算した差分の要素数は 2 減ることになります.そこで式 (5.8) 右辺の第 1 項を

$$\frac{du}{dt}\bigg|_{center} = \begin{cases} \dfrac{u_2 - u_1}{\Delta t_1} \\[2mm] \dfrac{u_{i+1} - u_{i-1}}{2\Delta t_i} \quad i = 2,\ 3,\ \cdots,\ N-1 \\[2mm] \dfrac{u_N - u_{N-1}}{\Delta t_N} \end{cases}$$

のように,境界のはじめと終わりは前進差分で計算し,中央を中央差分で計算します.このアルゴリズムは偏微分の数値解析の基本になります.

5.1.2 diff 関数による差分実行

微分の問題として関数の極小値を検索する問題を考えます.初学者は,よく極小値を最小値と混同します.最小値 (最大値) は与えられた区間内での関数値で,最も小さい (大きい) ものを指します.極小値は,下に凸である関数で,微分した値が 0 になる点での値です.この逆が極大値となります.この 2 つを合わせたものが極値問題です.

この問題は実用的な面で非常に重要な課題になっています.システム同定におけるパラメーター推定にも応用することができますし,最適化問題にも発展していきます.数学では極小値の定義を,

区間 $a \leq x \leq b$ において関数 $f(x)$ が (少なくとも 2 度) 微分可能であるとする.x_0 において $f'(x_0) = 0$ でかつ $f''(x_0) > 0$ であれば x_0 は極小値である.

としています.逆に極大値を検索したい場合は $f(x) = -f(x)$ として計算すればよいでしょう.極小値の例として,下記のような x の多項式で定義される関数について,区間 $-0.5 \leq x \leq 2.5$ での極小値について考えてみます.

$$y = 1.8x^5 - 5x^4 + 3x^3 - 4x^2 + x + 1$$

まず確認のために，与えられた多項式を区間 $-0.5 \leqq x \leqq 2.5$ でグラフ化します．

コマンド

```
>> A = [1.8    -5    3    -4    1    1];
>> xmax = 2.5; xmin = -0.5;
>> N = 100;
>> x = xmin:(xmax-xmin)/N:xmax;
>> y = polyval(A,x);
>> plot(x,y);grid on
>> title('y=1.8x^5-5x^4+3x^3-4x^2+x+1')
>> xlabel('x');ylabel('y')
```

実行結果

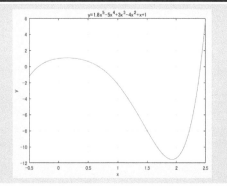

$\dfrac{dy}{dx} = 0$ を満たすのは関数 y の傾きが 0 のところ（グラフが平らになっているところ）です．グラフから $x = 0.1$ および $x = 1.9$ 付近と見当がつきます．

コマンド

```
>> dx = x; dx(end) = [];
>> dy = diff(y);          %1 階微分（差分）
>> d2y = diff(y,2);       %2 階微分（差分）
>> d2x = dx; d2x(end) = [];
>> figure;
>> subplot(2,1,1);plot(dx,dy),grid on
>> title('dy/dx')
>> xlabel('x'),ylabel('dy')
>> subplot(2,1,2);plot(d2x,d2y),grid on
>> title('d^2y/dx^2')
>> xlabel('x'),ylabel('d^2y')
```

実行結果

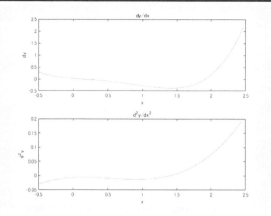

実行結果の下段のグラフから $x \geqq 1.4$ で，$\dfrac{d^2y}{dx^2}$ はプラスになっています．また，上段のグラフから $x = 1.9$ の付近で $\dfrac{dy}{dx} = 0$ になっていますので，この $x = 1.9$ 付近で極小値が存在していることがわかります．

5.1.3　後退差分関数 M-ファイル

式 (5.3) の後退差分の関数 M-ファイルを実装してみます．関数 M-ファイルを設計します．今回の関数 M-ファイルの仕様を下記に示します．

書式

```
dy = diffb(y)
```

入力引数

　　y：差分対象のベクトル

出力引数

　　dy：差分結果のベクトル

特記事項

・差分結果 **dy** の要素数は引数 **y** の要素数より -1 となる
・n 階微分はサポートしない

List5.1 diffb.m
1: `function dy = diffb(y)`
2: `%diffb.m 後退差分法による 1 階数値微分`
3: `%  書式`
4: `%     dy = diffb(y);`
5: `%     引数    y：微分対象ベクトル`
6: `%     戻り値   dy：差分結果`
7: `%  注意  ・差分結果 dy のサイズは引数 y のサイズ -1 となる.`
8: `%        ・n 階微分はサポートしていない.`
9: `    dy = y(2:end) - y(1:end-1);`
10: `end`

例 5.1 （sin 関数の前進差分と後退差分）

角度 $0 \leqq \theta \leqq 2\pi$，刻み $\dfrac{\pi}{100}$ で，正弦波 $y = \sin \theta$ を前進差分，後退差分で計算した結果を描画します．解析的には $\dfrac{dy}{d\theta} = \cos\theta$ となります．

コマンド	実行結果

`>> d = pi/100;`
`>> x = 0:d:2*pi;`
`>> y = sin(x);`
`>> X = x; X(end) = [];`
`>> dYf = diff(y)/d;    % 前進差分`
`>> dYb = diffb(y)/d;   % 後退差分`
`>> figure;`
`>> subplot(2,1,1);plot(X,dYf)`
`>> grid on;`
`>> title('Forward difference')`
`>> subplot(2,1,2);plot(X,dYb)`
`>> grid on;`
`>> title('Backward difference')`
	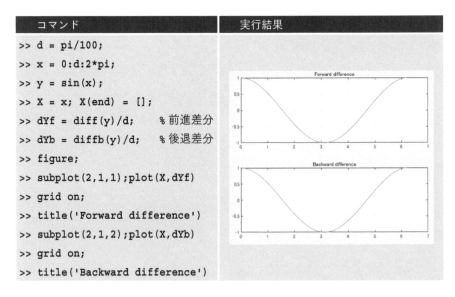

例 5.1 の結果から前進差分と後退差分は同じ結果になります．次に中央差分を計算するスクリプトを示します．

List5.2　gradient1.m

```
1:  function dF =gradient1(varargin)
2:  % gradient1.m    1 次元の勾配（gradient）を計算
3:  %    微分は中央差分．計算後の勾配は入力の被微分系列ベクトルと同じサイズ
4:  %    書式
5:  %        dF =gradient1(F,dx)
6:  %    引数
7:  %        F：ベクトル．被微分系列ベクトル
8:  %        dx：スカラーまたはベクトル（省略可能）．規定値以外の動作は不定
9:  %    出力
10: %        dF：ベクトル．1 次元勾配ベクトル
11:     if 2 >= nargin
12:         F = varargin{1};
13:         if 2 == nargin
14:             delta = varargin{2};
15:             if isnumeric(delta)
16:                 if (1 == ismatrix(delta)) && (length(F) == length(delta))
17:                     dx = delta;
18:                 else
19:                     dx = delta*ones(size(F));
20:                 end
21:             else
22:                 disp('Arguments Error:');
23:                 error('See on this help.');
24:             end
25:         else
26:             dx = ones(size(F));
27:         end
28:     else
29:         disp('Arguments Error:');
30:         error('See on this help.');
31:     end
32:
33:     N = length(F);            %  データ数
34:     s = 2;                    %  差分のスタート
35:     n = N-1;
```

```
36:    dF = zeros(size(F));        %  出力引数の初期化 (サイズはFと同じ)
37:    dF(s:n) = (F(s+1:n+1)-F(s-1:n-1))./(2*dx(s:n));
38:    dF(1) = (F(2)-F(1))./dx(1); %  境界値 (はじめ)
39:    dF(N) = (F(N)-F(n))./dx(N); %  境界値 (終わり)
40: end
```

例 5.2 (sin 関数の中央差分)

例5.1と同じ角度 $0 \leqq \theta \leqq 2\pi$, 刻み $\dfrac{\pi}{100}$ で正弦波 $y = \sin\theta$ を中央差分で計算した結果を描画します.

コマンド	実行結果

`>> t = 0:pi/10:pi;`
`>> y = sin(t);`
`>> dy = gradient1(y,pi/10);`
`>> figure;plot(t,y,t,dy)`
`>> grid on`
`>> legend('differentiable', ...`
`          'central difference', ...`
`          'Location','best')`
	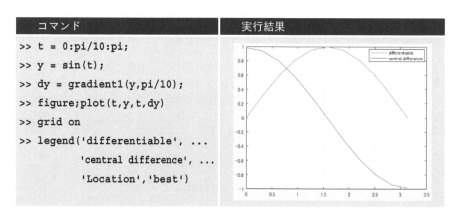

5.2 積分

MATLAB の数値計算は,大きく分けて時系列データの積分と関数値による積分があります. 時系列データの積分はグラフ上の面積を計算するもので,積分区間とグラフに囲まれた面積は,四角形の短冊の集まりとして考えます. MATLAB ではこの短冊を台形として計算しています.

もう1つの関数値による積分は,積分区間を微小な区間に分割し,指定された関数で計算される積分値をもとに計算する求積法と呼ばれるアルゴリズムで積分値を求めています. しかも,この小区間は誤差が最小となるように決められます. また微小な短冊も重みを付けて高精度になるよう計算されます.

以前の MATLAB にはガウス型求積法である **quad** 系求積が実装されていましたが,現在は **integral** 関数に統合化されています. 現在は **integral** 関数のみではなく,**quadgk** などの **quad** 系求積も残されています. しかし,近い将来廃止になる可能性があります.

5.2.1 長方形近似による数値積分

関数 $f(x)$ について，積分区間 $[a\ b]$ での数値積分を考えてみます．式 (5.9) はニュートン - コーツの公式です．式中の w_i は重みと呼ばれるもので，この重みは積分区間

$$\int_a^b f(x)\,dx \approx \sum_{i=0}^{n}(w_i\,f(x_i)) \tag{5.9}$$

と刻みのみに依存します．重みのとり方により台形則，シンプソン則（Simpson's rule）などに分かれます．

ここでは式 (5.9) に示したニュートン - コーツの公式を単純化して重み w_i を一定で独立変数の刻み幅とした数値計算を実行します．関数ハンドルの活用例として引数で指定された関数の積分（長方形近似）を計算する関数 M-ファイルを作成してみます．

積分はグラフ上での面積計算になります．**図 5.1** の $x_1 \sim x_n$ の間の面積は，この面積を長方形の集まりとみなして，その面積群の総和を計算します．通常，長方形の底辺（独立変数側）は固定として考えます（固定でなくとも可能ですが，処理が多少煩雑になります）．

作成する関数 M-ファイルの仕様を下記に示します．

書式

```
s = areaInt(f,x)
```

入力引数

- **f**：被積分関数への関数ハンドル
- **1**：変数の入出力引数
- **x**：積分範囲の独立変数ベクトル

出力引数

- **s**：積分値（スカラー）

特記事項

- ・被積分関数のグラフ．グラフは新規のフィギュアウィンドウに描画する
- ・積分結果をグラフに描画する

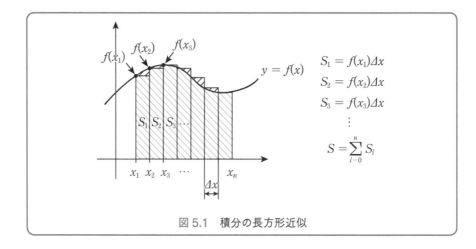

図 5.1 積分の長方形近似

List 5.3 areaInt.m

```
1:  function s = areaInt(f,x)
2:  %s = areaInt(f,x)    増分一定の積分計算
3:  %    被積分関数 f の積分を積分区間 w で計算
4:  %    被積分関数 f：関数ハンドルまたは関数名の文字列
5:  %    積分区間 w：等間隔な積分区間ベクトル
6:  %              実数のベクトルを想定 ( 想定以外の動作は不定 )
7:
8:      % 関数名チェック
9:      if isa(f,"function_handle")
10:         func = f;                 % 関数ハンドル
11:     elseif isstring(f) || ischar(f)
12:         func = str2func(f);       % 関数ハンドルへ変換
13:     end
14:     [m,n] = size(x);
15:     lng = max(m,n); dx = x(2)-x(1); % 増分
16:     t = ones(lng,1)*dx;           % 縦ベクトル
17:     try
18:         y = func(x);              % 関数値（長辺）
19:     catch                         % 計算不可の処理
20:         error(' 第 1 引数には認識可能な関数名を指定してください ');
21:     end
22:     s = y*t;          % 積分の長方形近似
```

```
23:        % draw integration results and graphs in figure
24:        txty = max(y)/2;     txtx = max(x)/2;
25:        figure;
26:        plot(x,y);grid on
27:        text(txtx,txty,['Integral result =',num2str(s)]);
28: end
```

例 5.3 （関数ハンドルによる数値積分近似）

上記の長方形近似による数値積分計算を使って $\cos\omega$ を計算します．このときの積分区間を $[0, \dfrac{\pi}{2}]$ とします．解析解は $\displaystyle\int_0^{\pi/2}\cos\omega\,d\omega = 1$ です．近似する長方形の短辺（積分区間の刻み幅）を $\dfrac{\pi}{20}$ とします．刻み幅が比較的大きいので正確な値にはなりません．

コマンド	実行結果

`>> dw = pi/20;`
`>> w = 0:dw:pi/2;`
`>> s = areaInt(@cos,w)`
	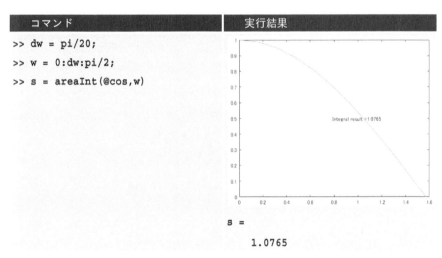

```
s =

   1.0765
```

基本的に刻み幅を小さくすれば解析解に近い値になりますが，あまり小さくしすぎると計算負荷の増大，丸め誤差の発生の原因になりますので，実際に用いる状況によって決めることになると思います．この方法はアルゴリズムが最も単純で計算負荷が少ない求積法です．したがって，組み込み向けのアルゴリズムといえるでしょう．

5.2.2　trapz 関数

上記の areaInt.m で数値積分の最も基本的なアルゴリズムである長方形近似のスクリプトを作成しました．アルゴリズムは非常に単純ですが，**図 5.2** のように長方形の上短辺と関数曲線の間が誤差になります．積分刻みのとり方によってはかなりの誤差を含みます．

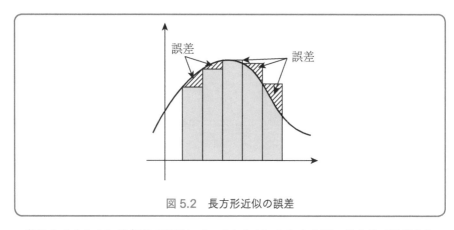

図 5.2　長方形近似の誤差

　積分を求めるのに長方形で近似していましたが，これを台形の集合体で近似するのが台形則あるいは台形法と呼ばれます．`trapz` 関数では，台形則を用いて数値積分を計算します．台形則は直感的で単純なアルゴリズムの割にはそこそこの精度で計算できます（ただし，計算に用いるデータの精度によります）．ある程度の精度を保ちながら数値積分を行うアルゴリズムはほかにも各種提案されています．台形則のアルゴリズムそのものは有名なので，数値計算の教科書などには必ず出てきます．ここでは手順の説明は割愛します．`trapz` 関数の書式は**表 5.2** の通りです．

表 5.2　`trapz` 関数の書式

`trapz(Y)`	データ間隔が単位間隔での台形則.
`trapz(X,Y)`	ベクトル x に関する y の台形則.
`trapz(X,Y,dim)`	`dim` 次元による積分.

　ただし，単位間隔（刻み幅が 1）ではないデータの積分を行うには，間隔の増分を `trapz` に掛けてください．

　では，実際に `trapz` を使って $\displaystyle\int_0^\pi \sin x\, dx$ を計算します．このときの積分刻みを $\dfrac{\pi}{100}$ とします．解析的にはこの積分値は 2 になります．長方形近似よりも精度はありますが，やはりここでも積分刻みにより誤差は出ます．

コマンド	実行結果

`>> d = pi/100; x = 0:d:pi;`
`>> y = sin(x);`
`>> s = d * trapz(y)`
	`s =`
	　　　　`1.9998`

例 5.4（曲線の長さ）

曲線 $y = x\sqrt{x}$ の区間 $0 \leqq x \leqq 1$ の長さを計算します．ただし積分刻みを 0.001 とします．一般に曲線方程式 $f(x)$，$a \leqq x \leqq b$ の曲線の長さ L は

$$L = \int_a^b \sqrt{1 + f'(x)^2}\, dx$$

で計算することができます．

この計算を行う関数M-ファイルは，ここまでの説明で作ることができると思いますので，読者への練習問題とします．

5.2.3 累積の積分

trapz 関数は積分範囲（引数のベクトルの長さ）の定積分を台形則で計算するものでした．したがって戻り値はスカラーになります．それに対し，**cumtrapz** 関数は引数の関数またはベクトルの累積積分を計算します．この累積積分は重積分の計算手順を表しています．

この **cumtrapz** 関数はその名が示すように数値積分を台形則で計算します．この **cumtrapz** 関数の書式は**表 5.3** の通りです．

表 5.3 **cumtrapz** 関数の書式

書式	概要
s = cumtrapz(Y)	積分対象として引数 Y が指定されている場合，データ間隔は 1 として累積積分されます． また，引数 Y が ベクトルの場合：Y の累積積分を計算 行列の場合：各列の累積積分を計算
s = cumtrapz(X,Y)	引数 X が ベクトルの場合：X で指定された座標に対して Y の累積積分を計算 スカラーの場合：1 つの間隔（X）として Y の累積積分を計算 X*cumtrapz(Y) と等価
s = cumtrapz(X,Y,dim)	引数 dim に沿って Y の累積積分を計算します．このとき，引数 X は省略可能です．

例 5.5（導関数の累積積分）

関数 $y = K - \dfrac{k\tau_1}{\tau_1 - \tau_2}e^{-\frac{t}{\tau_1}} + \dfrac{k\tau_2}{\tau_1 - \tau_2}e^{-\frac{t}{\tau_2}}$ を微分した関数

$y' = \dfrac{k}{\tau_1 - \tau_2} e^{-\frac{t}{\tau_1}} - \dfrac{k}{\tau_1 - \tau_2} e^{-\frac{t}{\tau_2}}$ を積分範囲 $t \in [0,5]$，刻み 0.01 で累積積分します．ただし，$K = 1.5$, $\tau_1 = 0.1$, $\tau_2 = 1$ とします．

コマンド

```
>> K = 1.5;
>> tau1 = 0.1; tau2 = 1;
>> dt = 0.01;
>> t = 0:dt:5;
>> dy =  (K*exp(-t./tau1))/(tau1-tau2) ...
         - (K*exp(-t./tau2))/(tau1-tau2);
>> y = cumtrapz(t,dy);
>> figure;plot(t,[dy;y]);grid on
>> title(['Differential curve of', ...
          ' 2nd-order lag system'])
>> xlabel('t'); ylabel('y')
>> legend('Curve of formula', ...
          'Integrated curve', ...
          'Location','best')
```

実行結果

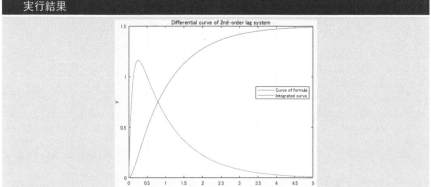

　本来の累積積分の使い方ではないかもしれませんが，この例は初期値 0 における簡易的な微分方程式の解曲線を計算するものにも活用可能でしょう．

5.2.4　ロンバーグ積分

　数値積分の精度を向上させるためには，データ間を曲線で近似すればよいことは容易に想像できます．データ間を直線で近似（1 次近似）しているのが台形則です．さらにデータ間を 2 次曲線で近似（2 次近似）しているのがシンプソン則（Simpson's rule）

です．もっと高次で近似すれば計算精度が高まることが期待できます．では，どの程度高次で近似すればよいのでしょうか．高次になればなるほど計算負荷は増大することになります．精度と計算負荷は，トレードオフの関係にあるものです．

　ここで見方を変えてみます．そもそも数値積分で誤差が発生するのは，本来，無限に 0 に近づけるという作業をするべき刻み幅を有限の世界で計算するためです．ある程度誤差があるのは目をつむるとして，最適な刻み幅を用いて台形則で積分すれば，計算負荷が少なく，そこそこの結果が得られます．このようなアルゴリズムで代表的なものにロンバーグ積分法（Romberg integration）があります．ロンバーグ積分法は数値積分を計算するために台形則を用い，刻み幅 h を積分値が最小になるように推定しています．積分区間と刻み幅 h が決まるとそのときの被積分関数値を推定する必要があります．この被積分関数が得られていればそのまま台形の長辺短辺を得ることができます．しかし，実験データなどで被積分関数が未知な場合もあります．このようなときの推定にはラグランジュ（Lagrange）補間法やリチャードソン（Richardson）の補外法を用いて長辺短辺の値を推定します．

　このロンバーグ積分法のアルゴリズムは

・積分範囲 $[a, b]$ の下限 a と上限 b による台形として面積計算 R_1^1（このとき $h = 1$）（このとき最も粗い精度）

$$R_1^1 = \frac{1}{2}(b - a)\{f(a) + f(b)\}$$

・刻み幅 $h < -\dfrac{h}{2}$ としてロンバーグ表を計算

$$R_i^1 = \frac{1}{2}R_{i-1}^1 + \sum_{k=1(奇数のみ)}^{n_p-1} h_k f(a + kh) \qquad ただし k = 1, 3, \cdots, n_p - 1$$

$$R_i^j = R_i^{j-1} + \frac{R_i^{j-1} - R_{i-1}^{j-1}}{4^{m+1} - 1}$$

から以下のロンバーグ表を作成

ロンバーグ表

$$
\begin{bmatrix}
R_1^1 & & & & \\
R_2^1 & R_2^2 & \hspace{1em} 0 & & \\
R_3^1 & R_3^2 & R_3^3 & & \\
\vdots & \vdots & \vdots & \ddots & \\
R_N^1 & R_N^2 & R_N^3 & \cdots & R_N^N
\end{bmatrix}
$$

　ロンバーグ積分法を実装したスクリプト（List5.4 rom_int.m）を記載します．今回は被積分関数が既知であるとします．今回は積分範囲を積分区間の値として受け取り，被積分関数は関数ハンドルとして受け取ります．さらにロンバーグ表の次数（ロンバーグ表の行数）を受け取ります．下記にロンバーグ積分スクリプトの仕様を示します．

ロンバーグ積分法による積分値を求めるスクリプト
書式

```
[R, TableSize] = rom_int(a,b,@func,N)

yr = rom_int(a,b,func,N)
```

入力引数

　　a,b：積分区間 $[a, b]$（スカラー値）
　　func：被積分関数への関数ハンドル，または関数名を示す文字列
　　N：ロンバーグ表の行および列の数（スカラー値）

出力引数

　　R：ロンバーグ表
　　TableSize：ロンバーグ表のサイズ
　　Yr：ロンバーグ積分による積分値

特記事項

・出力引数が**yr**のみ，または **[R, TableSize]** の2パターンを想定．

```
List5.4   rom_int.m
```

```
 1:  function varargout = rom_int(a,b,func,N)
 2:  %    Romberg Quard：ロンバーグ積分による求積関数
 3:  %        [R,TableSize] = rom_int(a,b,func,N)
 4:  %    入力
 5:  %        a,b      積分区間
 6:  %        func     被積分関数の名前を示す文字列
 7:  %                 この関数は func(x) という形式で呼び出される
 8:  %        N        ロンバーグ表の行および列の数
 9:  %    出力
10:  %        R        ロンバーグ表．R(N,N) が最も高精度の積分値
11:  %        Yr       単独の戻り値の場合はロンバーグ積分値
12:  %        TableSize ロンバーグ表のサイズ（オプション）
13:  %                 このオプションを指定することにより，戻り値 R が
14:  %                 ロンバーグ表になる．
15:
16:  if isa(func,"string")||isa(func,"char")    % 関数名が文字列？
17:      fh = str2func(func);                   % 関数ハンドルへの変換
18:  elseif isa(func,"function_handle")
19:      fh = func;
20:  end
21:  R = zeros(N,N); % ロンバーグ表の初期化
22:  % 最も「粗い」項 R(1,1) を計算
23:  h = b - a;      % 最も「粗い」台形の幅
24:  np = 1;         % 台形の数の現在値
25:  R(1,1) = h * (fh(a) + fh(b)) / 2;
26:  % 所望の行数 i = 2,・・・,N について，以下の手順を繰り返す
27:  for i = 2:N
28:      % 漸近形台形公式の和の部分の計算
29:      h = h / 2;      % 台形の幅を半分にする
30:      np = 2*np;      % 台形の数は 2 倍
31:      sumT = 0;
32:      for k = 1:2:np-1    % このループは k = 1,3,5,・・・,np-1
33:          sumT = sumT + fh(a + k*h);
34:      end
35:      % ロンバーグ表の R(i,1),・・・,R(i,i) を計算
```

```
36:          R(i,1) = 1/2 * R(i-1,1) + h*sumT;
37:          m = 1;
38:          for j = 2:i
39:              m = 4*m;
40:              R(i,j) = R(i,j-1) + (R(i,j-1) - R(i-1,j-1)) / (m-1);
41:          end
42:      end
43:      % 戻り値の設定
44:      if 1 == nargout          % 戻り値が 1 変数のとき
45:          varargout{1} = R(N,N);
46:      elseif 2 == nargout      % 戻り値が 2 変数の場合
47:          varargout{1} = R;
48:          varargout{2} = N;
49:      end
50:  end
```

例 5.6（humps 関数の積分）

デモ用に実装されている **humps** 関数を積分区間 [0,1] で積分します．この **humps** 関数に対し **trapz** 関数は刻み幅 0.01，List5.4 の **rom_int** 関数は引数 **N** を 10 として計算します．この **humps** 関数の積分区間 [0,1] の厳密解は

$$Y_h = \int_0^1 humps(x)\,dx$$

$$= 11\pi + \tan^{-1}\left(\frac{3588784}{993187}\right) - 6 \fallingdotseq 29.858325395498667$$

です．実際の計算結果は誤差を含みます．*humps* 関数は

$$humps = \frac{1}{(x-0.3)^2 + 0.01} + \frac{1}{(x-0.9)^2 + 0.04} - 6$$

であり，コマンドラインから **help humps** と入力すれば使用方法が表示されます．

コマンド	実行結果
`>> format('long')`	
`>> q = integral(@humps,0,1)`	`q =`
	`29.858325395498639`
`>> x = linspace(0,1,16);yt = humps(x);`	
`>> Yt = trapz(x,yt);`	
`>> Yr = rom_int(0,1,@humps,16);`	
`>> [Yt;Yr]`	`ans =`
	`29.798245668916039`
	`29.858325395498849`
`>> q-[Yt;Yr]`	`ans =`
	`0.060079726582600`
	`-0.000000000000210`

　ロンバーグ積分法ではロンバーグ表の大きさ N に対してループする回数は約 $2N^2$ になります．したがって，たとえば，$N = 50$ とすると計算終了までかなりの時間がかかりますので，注意が必要です．

5.2.5　integral 関数

　今までよく用いられていた適応シンプソンの公式の quad 関数などの quad 系関数は非奨励になっています．そこで，quad 系関数の代わりに integral 系関数を用います．ヘルプなどのドキュメントによれば，この integral 関数は大域適応求積法で求積を行います．integral 関数は同系列として integral2, integral3 があります．integral 関数は 1 変数に対する求積法，integral2 は 2 重積分および integral3 は 3 重積分の求積を計算します．

　各 integral 系関数の書式は**表 5.4** の通りです．

表 5.4　`integral` 関数の書式

書式	概要

`q = integral(func, xmin, xmax)`
`q = integral2(func, xmin, xmax,`
`ymin, ymax)`
`q = integral3(func, xmin, xmax,`
`ymin, ymax, zmin, zmax)`
	被積分関数 `func` に対し, 積分区間 `[xmin,xmax]`, `[ymin,ymax]`, `[zmin,zmax]` で積分値を計算.

`q = integral(_, Name, Value)`
`q = integral2(_, Name, Value)`
`q = integral3(_, Name, Value)`
	求積を計算するための各種オプション. オプションの `Name` と `Value` のペアで用いる.

Name	Value
`AbsTol`	絶対許容誤差.
`RelTol`	相対許容誤差.
`integral` で用いられるオプション	
`ArrayValued`	配列値関数フラグ. 配列に格納されたスカラー関数を指定.
`Waypoints`	積分途中点. 実数または複素数のベクトルで構成.
`integral2,` `integral3`	で用いられるオプション
`Method`	2 つのアルゴリズムで求積. `auto`(`tiled` または `iterated` の自動振り分け), `tiled`: 長方形近似, `iterated`: 累積積分

相対許容誤差 `RelTol` と絶対許容誤差 `AbsTol` は, 計算結果を y, 計算精度を e とすると

$$|e| \leq \max(\mathtt{RelTol}^*|y|,\ \mathtt{AbsTol})$$

の関係になります.

例 5.7（三角関数の数値積分）

$f(x) = x \sin x$ を積分区間 $[0\ \pi]$ で数値積分します. 解析的には $\displaystyle\int_0^\pi x \sin x\, dx = \pi$ と

なります. 許容誤差はデフォルトとします.

コマンド	実行結果
`>> format long`	
`>> f = @(x) x.*sin(x);`	
`>> ss = integral(f,0,pi)`	`ss =` `    3.141592653589793`
`>> ss/pi`	`ans =` `     1`

例5.8（指数関数の数値積分）

今度は許容誤差をいくつか変化させたときの計算値と実行時間を測定してみます. 今回の被積分関数は

$$f(x) = \log\left(\frac{1}{x}\right)$$

とします. この被積分関数に対し積分区間を [0 1] とします. また許容誤差を**表5.5**のようにします.

表5.5　測定する許容誤差

相対許容誤差（`RelTol`）	絶対許容誤差（`AbsTol`）
10^{-6}（デフォルト値）	10^{-10}（デフォルト値）
0	10^{-12}
	10^{-10}
10^{-2}	10^{-8}
	10^{-4}

コマンドと実行結果

```
>> tic,s1=integral(f,0,1),toc    % デフォルトの許容誤差
s1 =
    1.000000010959678
経過時間は 0.001633 秒です。
>> tic,s1=integral(f,0,1,'RelTol',0,'AbsTol',1e-12),toc
s1 =
    1.000000000000010
経過時間は 0.005309 秒です。
>> tic,s1=integral(f,0,1,'RelTol',0,'AbsTol',1e-10),toc
s1 =
    1.000000000000669
経過時間は 0.002012 秒です。
>> tic,s1=integral(f,0,1,'RelTol',1e-2,'AbsTol',1e-8),toc
s1 =
    1.000000175361872
経過時間は 0.000957 秒です。
>> tic,s1=integral(f,0,1,'RelTol',1e-2,'AbsTol',1e-4),toc
s1 =
    1.000000175361872
経過時間は 0.000976 秒です。
```

ここでデフォルトの許容誤差を実行する場合，一度実行しています．これは `integral` 関数や `tic`, `toc` などの関数をロードするために若干時間が余分にかかるためです．

この測定結果から相対許容誤差 `RelTol`＝0，絶対許容誤差 `AbsTol`＝1e-12 が一番高精度で計算されることがわかります．ただし経過時間が 0.005309 秒と時間がかかっています．一方で，`RelTol`＝1e-2, `AbsTol`＝1e-8 および `RelTol`＝1e-2, `AbsTol`＝1e-4 では計算精度（1.000000175361872）は変化がありません．したがって計算目的によりますが，必要とする計算精度，経過時間を検討して許容誤差を指定するとよいでしょう．

第6章
微分方程式
—運動の解析のために—

基本的な微分方程式の解法はルンゲ - クッタ法（Runge-Kutta method）と呼ばれるアルゴリズムに基づいて計算されます．MATLAB には 4 次のルンゲ - クッタ法を用いた ode45 関数が実装されています．ルンゲ - クッタ法は現在のところ最も効率のよい（バランスがとれている）アルゴリズムです．

さらに，MATLAB では厄介な硬い問題（数値計算的に不安定になる問題，詳しくは青山貴伸・蔵本一峰・森口肇（著）『今日から使える！ MATLAB』（講談社）など，ほかの文献を参照）もサポートされています．また，各種関数の種類も増え，より細かな計算オプションもサポートされるようになっています．特に組み込みを考慮したシステム開発においてはソルバーの選択が重要になります．ここでは主に数値計算でよく用いられる 4 次ルンゲ - クッタ法の ode45 について記述します．

6.1 ルンゲ - クッタ法

ルンゲ-クッタ法は，現在，最もよく用いられているアルゴリズムです．これはオイラー法（Euler method）を改良したものです．たとえば，$\dfrac{dy}{dt} = f(y, t)$ のような常微分方程式を数値計算する場合，式（6.1）を計算することによって近似解を得ることができます．式（6.1）の積分項をどのように計算するかにより，さまざまなアルゴリズムが提案されています．

$$y_{i+1} = y_i + \int_{t_i}^{t_{i+1}} f \, dt \tag{6.1}$$

式（6.1）の積分項を $\int_{t_i}^{t_{i+1}} f \, dt \fallingdotseq f(y, t)\Delta t$ と近似するとオイラー法になり，積分項を台形公式で計算すれば台形法になります．この Δt が積分区間に対し十分に小さければ精度は保証されます．ただ，逆に Δt が小さくないと，このオイラー法の計算精度はよくないため，台形法を用いることになります．積分を計算するときには，いずれにしろ，y_{i+1} を使用して計算しなければなりません．y_{i+1} が明確な場合（陽的公式の場合）ならば計算が可能ですが，y_{i+1} が不明確な場合（陰的公式の場合）には，別の方法を考えなければなりません．これらの問題を解決するために，式（6.2）のような 4 次のルンゲ - クッタ法が考案されています．

$$k_1 = f(y(t_k),\ t_k)\Delta t$$

$$k_2 = f\left(y(t_k) + \frac{\Delta t}{2},\ t_k + \frac{\Delta t}{2}\right)\Delta t$$

$$k_3 = f\left(y(t_k) + k_2,\ t_k + \frac{\Delta t}{2}\right)\Delta t$$

$$k_4 = f\left(y(t_k) + k_3,\ t_h + \frac{\Delta t}{2}\right)\Delta t$$

$$y_{i+1} = y_i + \frac{\Delta k_1 + 2\Delta k_2 + 2\Delta k_3 + \Delta k_4}{6} \tag{6.2}$$

式 (6.2) は積分項を 4 つの変数で近似しているので,4 次のルンゲ‐クッタ法と呼ばれています.

6.2 ode ソルバー

ode ソルバーとは MATLAB に備わっている微分方程式を解く関数群のことです.MATLAB で微分方程式の解を求める関数には,主なもので **ode113**, **ode15s**, **ode23**, **ode23s**, **ode23t**, **ode23tb**, **ode45** があります[1].関数名の最後に s が付いている関数は硬い問題(スティッフ問題または硬い方程式〈stiff equation〉)に対応したアルゴリズムで計算する関数です.書式は以下の**表 6.1** から**表 6.4** に示す通りです.**表 6.3** 内,プロパティの「意味」に示した [ ] 内には,とり得る値を | で区切って示しました.そのうち { } でくくったものは,デフォルトの値(省略したときに入る値)です.

表 6.1　主な ode ソルバーの種類

関数名	解説
ode113	アダムス法(Adams method)による硬くない微分方程式の解法を与えるソルバー.
ode15i	完全陰的微分方程式に対応したソルバー.
ode15s	可変次数の硬い方程式に対応したソルバー.
ode23	可変次数の硬くない方程式を解くためのソルバー.
ode23s	可変次数の硬い方程式を解くためのソルバー.
ode23tb	低次法による硬い方程式に対応したソルバー.
ode23t	台形則によるわずかに硬い方程式に対応したソルバー.
ode45	可変次数の硬くない方程式を解くためのソルバー.

---

1) 本書では扱いませんが,新しいソルバーとして **ode78**, **ode89** があります.

表 6.2　ode ソルバーの書式

`[t,y] = odexx('F',TSPAN,Y0)`
`[t,y] = odexx('F',TSPAN,Y0,OPTION)`
`[t,y,TE,YE,IE] = odexx('F',TSPAN,Y0,OPTION)`
`sol = odexx('F',TSPAN,Y0,OPTION)`

表 6.3　ode ソルバーの引数

引数名	内容
`F`	解を求めるための方程式を記述した ode ファイルを定義する関数ハンドル. 基本的に 2 つの引数 `t`, `y` を受け取る必要がある. ode ソルバーの種類によっては 3 つの引数を受け取るものもある.
`TSPAN=[T0 TFINAL]`	`T0` から `TFINAL` までの微分方程式 $\dfrac{dy}{dt} = F(t, y)$ を積分する.
`Y0`	微分方程式 $\dfrac{dy}{dt} = F(t, y)$ の $t = T_0$ における y の初期値 y_0.

表6.3続き ode ソルバーの引数

引数名	内容
	odeset 関数で設定可能な OPTIONS 構造体.

	プロパティ	意味
OPTIONS	RelTol	相対許容誤差 [正のスカラー {1e-3}].
	AbsTol	絶対許容誤差 [正のスカラーまたはベクトル {1e-6}].
	Refine	解の調整係数 [スカラー].
	OutputFcn	設定可能な出力関数 [関数ハンドル {[] または @odeplat}].
	OutputSel	出力するインデックスの選択 [整数のベクトル].
	NonNegative	非負の解要素 [スカラーまたはベクトル {[]}].
	Stats	ソルバー統計 [on	{off}].
	Jacobian	ode ファイルで使用可能なヤコビ行列 [行列または関数ハンドルまたは cell 配列].
	JPattern	ode ファイルで使用可能なヤコビアンスパースパターン [スパース行列または cell 配列].
	Vectorized	ベクトル化関数のトグル [on	{off}	cell 配列（ode15i のみ）].
	Events	イベントの位置選定 [関数ハンドル].
	Mass	ode ファイルで使用可能なマス行列 [行列または関数ハンドル].
	MStateDependence	質量行列の状態依存 [{'weak'}|'none'|'strong'].
	MvPattern	質量行列のスパースパターン [スパース行列].
	MassSingular	特異質量行列のトグル [{'maybe'}|'yes'|'no'].
	InitialStep	提案する初期ステップサイズ [正のスカラー].
	MaxStep	ステップサイズの上限 [正のスカラー	{TSPAN の 1/10}].
	MaxOrder	ode15s および ode15i の最大次数 [1	2	3	4	{5}].
	BDF	ode15s での後退微分式を使用するためのトグル [on	{off}].
	NormControl	ノルムを基準にした誤差の制御 [on	{off}].

表 6.4　ode ソルバー関連関数

odeset	ode の OPTION 構造体の設定. **表 6.3** 参照. OPTION=odeset('Name1',Value1,'Name2',Value2,...)
odeget	ode の OPTION 構造体メンバの取得. Val = odeget(OPTION,'Name')
odextend	常微分方程式の初期値問題の解の拡張.

6.3　ode ソルバーの出力

ode ソルバーを用いた計算結果を得るには下記に示すいくつかの出力引数を指定する必要があります.

```
[T,Y] = odexx(...)
[T,Y,TE,YE,IE] = odexx(...)
sol = odexx(...)
```

`[T,Y] = odexx(...)` で `T` に対する解曲線 `Y` が得られます. 一般的にはこの書式で十分ですが, ode ソルバーの設定値によっては再計算したいことがあります. このようなときには, **deval** 関数を使用します. ただし, この場合, **deval** 関数に ode ソルバーの計算結果をパックした構造体を渡す必要があります. **表 6.5** に ode ソルバーの出力引数の一覧を示します.

表 6.5　ode ソルバーの出力引数

出力引数		概要
TE,YE		**TE:** イベントが起こった時刻の列ベクトル. **YE** は対応する解.
IE		どのイベントが起こったかを指定.
sol		ode ソルバーの計算結果となる構造体. この構造体は **deval** 関数で使用できる. 構造体メンバ名
	solver	ソルバー名.
	x	計算時に採用されたステップ.
	y	**x** に対応する ode ソルバーの計算結果.

6.4　ode ファイル

ode ファイルは, 微分方程式を定義している関数 M-ファイルです. ここでは ode ファイルと呼称していますが, 関数 M-ファイルとまったく同じものです. 区別のため

に ode ソルバー専用に使用する関数 M-ファイルを ode ファイルと呼んでいます．以前のバージョンの用語です．現在はヘルプセンターでは使用されていません．

MATLAB では，（連立）微分方程式問題を定義する関数 M-ファイルを作成し，ode ソルバーの引数にします．このときの ode ファイルは関数ハンドルにして引き渡します．

ソルバーの引数になる関数 M-ファイルには任意の名前を付けることができますが，仮引数には必ず t, y をもたなければなりません．このときの t は独立変数でスカラー量です．y は従属変数で列ベクトルになります．この関数を用いた最も簡単な微分方程式は $\dfrac{dy}{dt} = F(t,y)$ を満たす式を計算するものでしょう．このときの ode ファイルは図 6.1 のようになります．

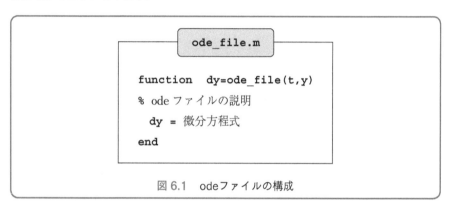

図 6.1　ode ファイルの構成

6.5 1 階微分方程式の解法

初学者が，問題領域の挙動を記述している微分方程式の解曲線を求めるのは難しく感じるでしょう．そのようなときに数値計算的に解曲線を求めることができると，問題領域に集中することができます．

ここでは MATLAB が実装している常微分方程式を解くためのソルバーについてみてみます．このソルバーは非常に多種多様で高性能なものです．高性能のため，詳細なパラメーター設定が必要となりますが，最低限の知識があれば容易に解曲線を得ることができます．

最も単純な微分方程式として式 (6.3) の微分方程式

$$\frac{dy}{dt} = 1 \tag{6.3}$$

の解曲線を求めてみます．これを解くには変数分離して t で積分するだけです．した

がって，解は $y = t + C_0$ となります．この式は切片を初期値 C_0 とする傾き1の比例
関数になります．この式 (6.3) に対し，初期値 $y_0 = 0$，積分区間 $[0\ 3]$ として **ode45** で
解曲線を計算します．この問題の ode ファイルを List 6.1 に示し，コマンドと実行結
果を示します．

List 6.1 firstOde.m

```
1:  function dy = firstOde(t,y)
2:  %dy = firstOde(t,y)
3:  %    最初の例題として dy/dt = 1 の解曲線を
4:  %    求めるための ode ファイル.
5:  %    入力引数は使用しないが，ode ソルバーの仕様で
6:  %    必ず受け取る
7:      dy = 1;
8:  end
```

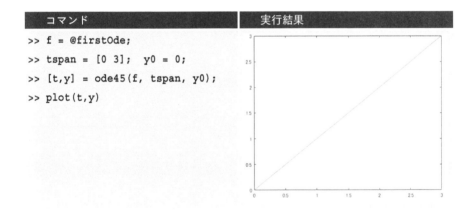

コマンド	実行結果

`>> f = @firstOde;`
`>> tspan = [0 3];  y0 = 0;`
`>> [t,y] = ode45(f, tspan, y0);`
`>> plot(t,y)`	

List 6.1 の ode ファイルをみてみると，前半に関数の説明としてコメントを記述
しています．入力引数として変数 **t**, **y** を受け取っています．これらには計算途中
の値が格納されています．方程式として途中の値を使用しないのであれば使用し
なくても構いません．このときワーニングは出てきます．もし気になるのでしたら
firstOde(~,~) のようにチルダ (**~**) に変更します．ode ファイル本体は式 (6.1) の微
分方程式を記述します．出力引数は微分項の変数にします．

MATLAB には行列用演算子とスカラー用演算子があります．初学者にとって，ど
ちらを選択したらよいか迷うことでしょう．これは演算対象の値が行列なのかスカ
ラーなのかで変わります．

例 6.1 （ode ソルバーから渡される引数の次元の確認）

式 (6.4) の微分方程式を計算するための ode ファイルを使って，入力引数の次元について確認します．これは ode ファイルを作成するときに使用される演算子を選択する助けになります．この ode ファイルを作成し，デバッグ機能で引き渡された変数 t を確認します．

$$\dot{f} = e^{-t}\cos t - e^{-t}\sin t \tag{6.4}$$

式 (6.4) は $f = e^{-t}\sin t$ を微分したものです．したがって，ode ソルバーで解析した場合もこの式になるはずです．ここでは，初期条件 y = 0，時間の範囲を $[0\ 2\pi]$ とし，式 (6.4) の近似計算を 4 次ルンゲ-クッタ法で実行します．

List 6.2 ode_test.m

```
1:  function df = ode_test( t,y )
2:  %ode_test.m 1 階常微分方程式解法のテスト ode ファイル
3:  % 対象方程式
4:  %     df/dt = exp(-t)*cos(t) - exp(-t)*sin(t)
5:  % 原始方程式
6:  %     f = exp(-t)*sin(t)
7:      df = exp(-t).*cos(t) - exp(-t).*sin(t);
8:  end
```

List 6.2 ode_test.m が作成できたら行番号の 7 行をクリックし，ブレークポイントを設定します．これで，7 行目を実行する直前に実行が一時停止します．

コマンド

```
>> [t,y] = ode45(@ode_test, [0 2*pi], 0)
```

状態

コマンドウィンドウ

```
7          df = exp(-t).*cos(t) - exp(-t).*sin(t);
K>> size(t)

ans =

     1     1
```

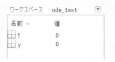

エディターの状態

ワークスペースの状態

7行目で一時停止したときにコマンドラインから変数 **t** の **size** を確認すると 1×1 行列すなわちスカラーが渡されているのが確認できます．継続する場合はエディターの実行アイコン をクリックするか，デバッグ停止アイコン をクリックします（ステップアイコン やステップアウトアイコン では，誤って **ode45** の関数内部を書き換える恐れがあるので注意してください）．

ode ソルバーのステップが進んでもスカラーが渡されます．したがって，微分方程式は

```
6  |    %       f = exp(-t)*sin(t)
7  |            df = exp(-t).*cos(t) - exp(-t).*sin(t);
8  └    end
9
```

でも構いません．ただ，高次微分方程式の場合は行列演算になるので注意が必要になります．

例 6.2 （微分方程式の解評価）

先ほどの例 6.1 の微分方程式を実行するとステップ数が粗い場合があります．その

ときには **deval** 関数を用いて再評価します.

コマンド	実行結果

```>> dy = ode45(@ode_test,[0 2*pi],0);```
```>> x = dy.x; y = dy.y;```
```>> figure;plot(x,y);grid on```
```>> xlabel('t'),ylabel('f')```
```>> x1 = linspace(0,2*pi);```
```>> y1 = deval(dy,x1);```
```>> hold on```
```>> plot(x1,y1);grid on```
```>> legend('Original','Revaluation', ...```
```   'Location','best')```
	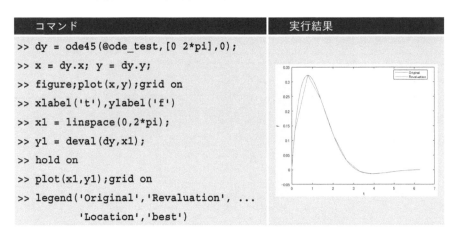

ode45 の計算結果をみると,横軸方向のステップがかなり粗いといわざるを得ません.これは計算結果が誤差の許容範囲に収まりさえすれば次のステップに進んでしまうからです.そこで,今度は **deval** 関数を用いてステップの間隔を細かくしました.例6.2 の実行結果の **y1**(グラフ中の **Revaluation**)のようにステップ間隔が細かくなっているのが確認できます.

6.6 高次微分方程式

力学の挙動を数学モデルで構築したとき,一般的には2階の微分方程式になります.すなわち対象の物体の位置の変位が発生するのは,その物体に何らかの力が作用したためです.この力は対象の物体の質量と加速度からなります.加速度は変位の2階微分です.力学問題をシミュレーションする場合は最低でも2階微分方程式を計算することが要求されます.しかし,MATLAB で高次微分方程式を専門に計算するソルバーはありません(偏微分方程式や差分方程式を計算するソルバーは別に実装されています).

6.6.1 階数降下法

ode ソルバーに力学問題のような2階以上の高次微分方程式を対応させるにはどうしたらよいでしょうか? このようなときは階数降下法を適用して1階の連立微分方程式になるまで変形していきます.このとき,m 階微分方程式ならば $m \times m$ の係数行列をもつ行列表記になります.これにより,高次の微分方程式は1階の連立微分方程式になり,ode ソルバーで対応が可能となります.

たとえば,下記のような3階微分方程式の場合

$$y''' + p_1 y'' + p_2 y' + p_3 y = f$$
$$x_1 = y \tag{6.5}$$

とすると階数降下法より

$$x'_1 = x_2$$
$$x'_2 = x_3$$
$$x'_3 = -p_3 x_1 - p_2 x_2 - p_1 x_3 + f \tag{6.6}$$

となり，この連立微分方程式を下記のように行列表記します．

$$\begin{bmatrix} x'_1 \\ x'_2 \\ x'_3 \end{bmatrix} = \begin{bmatrix} 0 & 1 & 0 \\ 0 & 0 & 1 \\ -p_3 & -p_2 & -p_1 \end{bmatrix} \begin{bmatrix} x_1 \\ x_2 \\ x_3 \end{bmatrix} + \begin{bmatrix} 0 \\ 0 \\ f \end{bmatrix} \tag{6.7}$$

あるいは

$$x' = \mathbf{A}x + \mathbf{B}u \quad \because \quad \begin{aligned} x' = \begin{bmatrix} x'_1 \\ x'_2 \\ x'_3 \end{bmatrix}, \ \mathbf{A} = \begin{bmatrix} 0 & 1 & 0 \\ 0 & 0 & 1 \\ -p_3 & -p_2 & -p_1 \end{bmatrix} \\ x = \begin{bmatrix} x_1 \\ x_2 \\ x_3 \end{bmatrix}, \ \mathbf{B} = \begin{bmatrix} 0 \\ 0 \\ 1 \end{bmatrix}, \ u = f \end{aligned} \tag{6.7'}$$

となり，1階微分方程式になります．上記の式 (6.7) を ode ソルバーで計算すれば，特解を得ることができます．連立微分方程式を ode ソルバーで計算するときも同じように初期値が必要になります．初期値はベクトル x に要素数として設定します．ただし，ベクトル x の要素は各微分方程式の初期値に対応するため，順番などは間違えないようにします．連立微分方程式の特解は ode ソルバーの出力引数で戻されます．この出力引数には m 個の時系列データが格納されます．特解の時系列データの順番も初期値ベクトルに対応しています．

6.6.2　調和振動系の解法

　一般に物理現象の数学モデルは2階の微分方程式になることが多く，また，もし実際のモデルが3階以上の微分方程式であったとしても，計算精度や実行速度を考慮すると，2階の微分方程式で近似して計算することが一般的です．

　たとえば，**図 6.2** に示した系でバネに連結した重さ m のおもりの運動方程式はラグランジュの運動方程式から運動エネルギーとポテンシャルエネルギーの和になります．ここで

$$運動エネルギー\ T\ :\ T = \frac{1}{2}m\dot{x}^2 \tag{6.8}$$

$$ポテンシャルエネルギー\ U\ :\ U = \frac{1}{2}kx^2 \tag{6.9}$$

$$ラグランジアン\ L\ :\ L = T - U = \frac{1}{2}m\dot{x}^2 - \frac{1}{2}kx^2 \tag{6.10}$$

ここで，k はバネ係数，x は重さの位置（垂直方向の距離）です．おもりにかかる抵抗成分（空気抵抗や摩擦など）はないと仮定します．

ラグランジュ運動方程式は

$$\frac{d}{dx}\left(\frac{\partial L}{\partial \dot{x}}\right) - \frac{\partial L}{\partial x} = 0 \tag{6.11}$$

ですので，式 (6.11) に式 (6.8)，式 (6.9) を適用します．したがって

$$\frac{d}{dx}\left\{\frac{\partial}{\partial \dot{x}}\left(\frac{1}{2}m\dot{x}^2 - \frac{1}{2}kx^2\right)\right\} - \frac{\partial L}{\partial x}\left(\frac{1}{2}m\dot{x}^2 - \frac{1}{2}kx^2\right) = 0 \tag{6.12}$$

$$\frac{\partial}{\partial \dot{x}}\left(\frac{1}{2}m\dot{x}^2 - \frac{1}{2}kx^2\right) = m\dot{x},\quad \frac{\partial}{\partial x}\left(\frac{1}{2}m\dot{x}^2 - \frac{1}{2}kx^2\right) = -kx^2 \tag{6.13}$$

これを解くと式 (6.14) に示すような 2 階微分方程式で表されます．

$$m\ddot{x} = -kx$$
$$\therefore\ \ddot{x} = -\frac{k}{m}x \tag{6.14}$$

式 (6.14) はニュートン表記になっています．1 つのピリオドは 1 階微分，ピリオド 2 つで 2 階微分になります．

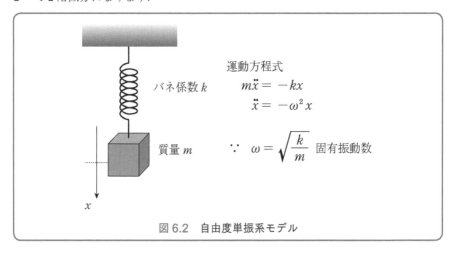

運動方程式
$$m\ddot{x} = -kx$$
$$\ddot{x} = -\omega^2 x$$

バネ係数 k

質量 m $\quad \therefore\ \omega = \sqrt{\dfrac{k}{m}}$ 固有振動数

x

図 6.2 自由度単振系モデル

ode ソルバーは基本的に 1 階微分方程式の解を計算するための関数ですので，この関数を使うために，式 (6.14) を 1 階微分方程式に変換します．すなわち，y の時間微分は速度 $v(t)$，速度の時間微分は加速度 $\dot{v}(t)$ になりますから

$$\begin{cases} \dot{x}(t) = v(t) \\ \dot{v}(t) = -\dfrac{k}{m}x \end{cases} \tag{6.15}$$

と，1 階微分方程式の連立方程式に変換することができます．この連立方程式を ode ソルバーに渡せば計算してくれます．ただし，式 (6.15) は連立方程式なので，2 つの式を同時に満足しなければなりません．この連立微分方程式の数値解を計算するには，下記に示すような初期値を設定する必要があります．

$x(t_0) = x_0$ 　ただし x_0 は初期時刻 t_0（よく使用されるのは $t_0 = 0$）におけるおもりの位置

$v(t_0) = v_0$ 　ただし v_0 は初期時刻 t_0（よく使用されるのは $t_0 = 0$）におけるおもりの速度

ode ファイルを作成する場合，新たな 2×1 行列 $\boldsymbol{x} = \begin{bmatrix} x_1 \\ x_2 \end{bmatrix}$ を導入して連立微分方程式を行列式とします．この例では**図 6.3** のような行列を導入します．

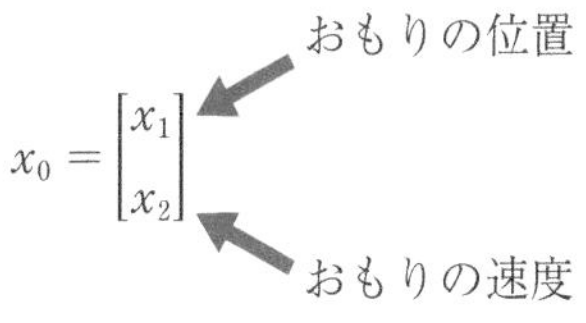

$$x_0 = \begin{bmatrix} x_1 \\ x_2 \end{bmatrix}$$

おもりの位置
おもりの速度

図 6.3　初期値のイメージ

$$\dot{x} = \begin{bmatrix} \dot{x}_1 \\ \dot{x}_2 \end{bmatrix} = \begin{bmatrix} x_2 \\ -\dfrac{k}{m}x_1 \end{bmatrix} \quad \because \quad x_1 = x, \quad x_2 = v \tag{6.16}$$

あるいは $\dot{x} = \begin{bmatrix} \dot{x}_1 \\ \dot{x}_2 \end{bmatrix} = \begin{bmatrix} 0 & 1 \\ -\dfrac{k}{m} & 0 \end{bmatrix} \begin{bmatrix} x_1 \\ x_2 \end{bmatrix}$

これを ode ファイル vspring1.m として実装します．ここで $k = 10$，$m = 1$，積分区間 $[0, 5]$ で解曲線を求めます．初期値 $x_0 = 0.1$（下方に 0.1 移動）として静かに手を

離します.

List 6.3 vspring1.m

```
1:  function dx = vspring(t,x)
2:  %dx = vspring(t,y)
3:  %     バネにつながったおもりの振動方程式
4:  %     バネ係数 k=10，おもりの質量 1
5:  %        d2x=-(k/m)x
6:      k = 10; % バネ係数
7:      m = 1;  % おもりの質量 (kg)
8:      dx = [       x(2);
9:              -(k/m)*x(1)];
10: end
```

コマンド

```
>> tspan = [0,5];
>> x0 = [0.1;0];
>> [t,x] = ode45(@vspring, tspan, x0);
>> figure;plot(t,x);grid on
>> xlabel('t(s)');
>> legend('Displacement','Velocity', ...
         'Location','best')
```

実行結果

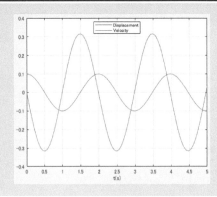

この実行結果からわかるように，速度，位置の周期は約 2 s 程度です．これは固有振動数 $\omega = \sqrt{\dfrac{k}{m}} = \sqrt{10} \fallingdotseq 3.1623$ rad/s なので周期は $\dfrac{2\pi}{\sqrt{10}} = 1.99$ s です．グラフ上

からの値なので正確な値ではありませんが，ほぼ理論値と一致しています．

　実務的には **ode45** 関数からの戻り値で変数 **x** が入る位置について注意してくださ
い．連立微分方程式と初期値は同じ配列として返されます．初期値の与え方は**図6.3**
の通りですので，戻り値も同じ配列で戻されます．

6.7　ode ファイルへのパラメーター引き渡し

　R2018 より前のバージョンでは ode ソルバーの引数でオプション的に ode ファイ
ルにパラメーターを引き渡すことができました．しかし，仕様の変更により現在の
バージョンでは直接 ode ソルバーからパラメーターを渡すことができなくなっていま
す．その代わりに ode ソルバーの目的関数を無名関数とします．無名関数の本体にパ
ラメーターを受け取る ode ファイル名を記述します．この引数リストにパラメーター
を記述します．具体例として前記の List6.3 の vspring1.m を改造した vspring2.m を
作成します．これはバネ係数 **k**，おもりの質量 **m** を受け取ります．その他は同じです．

List 6.4 vspring2.m

```
1:  function dx = vspring2(t,x,k,m)
2:  %dx = vspring(t,x,k,m)
3:  %    バネにつながったおもりの振動方程式
4:  %    バネ係数 k，おもりの質量 m
5:  %    パラメーターは引数で定義
6:  %       d2x=-(k/m)x
7:      dx = [      x(2);
8:             -(k/m)*x(1)];
9:  end
10:
```

```
コマンド
>> k = 10; m = 1;
>> tspan = [0,5];
>> x0 = [0.1;0];
>> [t,x] = ode45(@(t,x) ...
        vspring2(t,x,k,m), tspan, x0);
>> figure; plot(t,x);grid on
>> xlabel('t(s)');
>> legend('Diplacement','Velocity', ...
        'Location','best')
```

実行結果

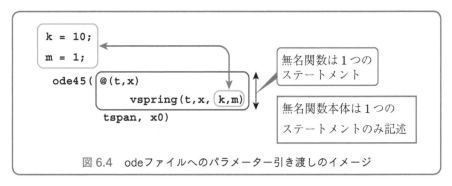

　odeソルバーの無名関数のイメージとしては**図6.4**を参照してください．この図の
ように無名関数は1つのステートメントになりますので，無名関数上はワークスペー
スのスコープと同一になります．

```
k = 10;
m = 1;
    ode45( @(t,x)
            vspring(t,x, k,m)
        tspan, x0)
```

無名関数は1つの
ステートメント

無名関数本体は1つの
ステートメントのみ記述

図 6.4　odeファイルへのパラメーター引き渡しのイメージ

例 6.3（減衰項を含んだ振動系の解析）

　現実には，マス-バネ系のように永続的に振動を繰り返すことはありません．バネ
にしてもバネが圧縮・伸展されるときにエネルギーが消費され振動が減衰します．そ
こで次は**図 6.5** に示したマス-バネ系に減衰項のダンパを有した減衰自由振動モデル
の解を考えます．このモデルは Kelvin-Voigt モデルとも呼ばれ，力学系の教科書によ
く記載されています．

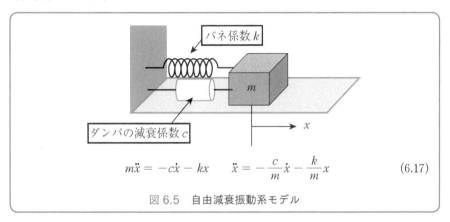

$$m\ddot{x} = -c\dot{x} - kx \qquad \ddot{x} = -\frac{c}{m}\dot{x} - \frac{k}{m}x \tag{6.17}$$

図 6.5　自由減衰振動系モデル

　この減衰率は振動の山と次の振動の山の比をとった値として定義されます．具体的
な例として**図 6.5** の自由振動系モデルを用いて説明します．ここで，座標系として右
向きを正，左向きを負とします．そして，外力が加わることなくおもりが静止した位
置を原点とします．このとき，重力加速度は考慮しなくて構いません．その他の系の
パラメーターとして，バネ係数を k，ダンパの減衰係数を c，おもりの質量を m とし
ます．

　ここで，**図 6.5** 中の式 (6.17) の微分方程式の解を $x = e^{\lambda t}$ とすれば，

$$\begin{aligned} x' &= \lambda e^{\lambda t} \\ x'' &= \lambda^2 e^{\lambda t} \end{aligned} \tag{6.18}$$

式 (6.18) を式 (6.17) に代入すれば，

$$\lambda^2 e^{\lambda t} + 2\zeta\omega\lambda e^{\lambda t} + \omega^2 e^{\lambda t} = 0 \qquad \because \quad \omega = \sqrt{\frac{k}{m}}, \ \zeta = \frac{c}{2m\omega}$$

$$\therefore \quad \lambda^2 + 2\zeta\omega\lambda + \omega^2 = 0 \qquad 特性方程式（補助方程式） \tag{6.19}$$

式 (6.19) を λ の 2 次方程式とみなすと

$$\lambda = \omega\left(-\zeta \pm \sqrt{\zeta^2 - 1}\right) \tag{6.20}$$

が得られます. ここで $\zeta > 1$ とすると, 式 (6.19) を解 $x = e^{\lambda t}$ に代入すれば,

$$x = C_1 \exp\{-t\omega(\zeta - \sqrt{\zeta^2 - 1})\} + C_2 \exp\{-t\omega(\zeta + \sqrt{\zeta^2 - 1})\} \tag{6.21}$$

となります. ただし, C_1, C_2 は初期値による定数です. また $\zeta = 1$ の場合は

$$\begin{aligned} \lambda &= -\omega \\ x &= (A + Bt)\exp(-\omega t) \end{aligned} \tag{6.22}$$

となります. 式 (6.21), 式 (6.22) は減衰を表しています. それに対し, $0 < \zeta < 1$ では λ は虚数となりますので, 式 (6.18) の解は振動系になります.

実際に ode ソルバーを用いて図中の式 (6.17) の常微分方程式の数値解を求めてみます. 図中の式 (6.17) の運動方程式を行列表記にすると,

$$\begin{bmatrix} x_1' \\ x_2' \end{bmatrix} = \begin{bmatrix} 0 & 1 \\ -\omega^2 & -2\zeta\omega \end{bmatrix} \begin{bmatrix} x_1 \\ x_2 \end{bmatrix} \quad \because \quad \omega = \sqrt{\frac{k}{m}}, \quad \zeta = \frac{c}{2m\omega} \\ x_1 = x, \quad x_2 = x_1' \tag{6.23}$$

となります. ここで, ω は固有振動数, ζ は減衰率と呼ばれています. この方程式を ode ファイルに記述し, 初期値ベクトルと積分区間である時間範囲を指定するだけで解曲線を得ることができます. ちなみに x_1 はおもりの位置, x_2 はおもりの速度を指定します. 下記の**表6.6**の通り, 式中の ζ の値のとり方によって振動が変化します. ちなみに $\zeta = 0$ ではダンパがない状態 (undamped) で, バネの力が減衰しません. この場合の振動は持続します. 理論的に $\zeta = 0$ は想定できますが, 実際にはバネの変形によるエネルギーの消費や空気の粘性などのため振動は減衰します. ここで, 初期値としておもりを上向きに 1 m 引き上げ、静かに手を離した状態 (おもりの速度を 0 m/s) としたときの振動を減衰率 ($\zeta = 1.5$, 1, 0.5) としたときの振動を計算します.

表 6.6 減衰率に対する振動

$\zeta > 1$	過制動：振動せずにそのまま応答が減衰 $\zeta > 1$ overdamped
$\zeta = 1$	臨界制動：振動と減衰の境 $\zeta = 1$ critically damped
$0 < \zeta < 1$	減衰振動：振幅は減衰 $\zeta = 0$ undamped, $\zeta < 1$ underdamped

式 (6.22) から (x_1', x_2') を計算するスクリプトを List6.5 に示します. List6.5 の

`FreeOscil` 関数は 5 つの引数を受け取ります．前半の **t,y** は ode ソルバーから渡されるので必ず指定します（使用していなくても引数として受け取ります）．

List 6.5 FreeOscil.m

```
 1:  function dy = FreeOscil(t,y,m,k,c)
 2:  %dy = FreeOscil_SD_Test01(t,y,m,k,c)
 3:  %    自由振動系の ode ファイル
 4:  %    マス・バネ・ダンパ系の自由振動を計算するための ode ファイル
 5:  %    引数
 6:  %        t,y：ode 用引数  t：積分区間，y：初期値
 7:  %            y = [ 変位の初期値；速度の初期値 ]
 8:  %        m：おもりの質量
 9:  %        k：バネ係数
10:  %        c：減衰係数
11:      w = sqrt(k/m);          % 固有振動数
12:      zeta = c/(2*m*w);
13:      A = [    0,        1; ...
14:            -w^2,-2*zeta*w];
15:      dy = A*y;
16:  end
```

List6.6 は List6.5 を実行するための上位モジュールです．このスクリプトは減衰率 ζ（変数 **zeta**）を 3 パターンとした各振動について計算します（11 行目）．各パラメータの振動は 18 行・19 行で ode45 ソルバー（4 次ルンゲ-クッタ法）を用いて計算しています．このとき，ode ファイルへパラメータを引き渡すために無名関数を使用しています．計算された時間 **t**，振動 **y** は構造体配列に格納しています．

後は 3 パターンの振動をグラフに表示しています．グラフの凡例として LaTeX でギリシャ文字を使用しています（28 行から 30 行目）．このようにグラフにギリシャ文字や式を表示することが可能です．

List 6.6 FreeOscil_Displace_Test01.m

```
1:   % 自由振動系における減衰率の違いによる振動を計算するスクリプト
2:   %   FreeOscil_Displace_Test01.m
3:   %ode ファイル：FreeOscil.m
4:   %   系のパラメーター
5:   %       m：おもりの質量 1kg
6:   %       k：バネ係数      10N/m
7:   %       x0：初期値       [ 位置 =1m ; 速度 =0m/s];
8:   %       tspn：積分区間   [0,5];
9:   m = 1;  k = 10;
10:  w = sqrt(k/m);        % 固有振動数
11:  zeta = [1.5;1;0.1]; % 減衰率
12:  c = [zeta(1)*(2*m*w); ...   % ζ =1.5
13:         zeta(2)*(2*m*w); ...   % ζ =1
14:         zeta(3)*(2*m*w)];      % ζ =0.5
15:  y0 = [1;0];           % 初期値
16:  tspn = [0,5];         % 積分区間
17:  for i=1:3
18:      [t,y] = ode45(@(t,y) FreeOscil(t,y ...
19:                              ,m,k,c(i)), tspn, y0);
20:      osc(i,1).t = t;
21:      osc(i,1).y = y(:,1);
22:  end
23:  figure;
24:  for i=1:3
25:      plot(osc(i,1).t,osc(i,1).y);
26:      hold on;grid on
27:  end
28:  legend(['\zeta=',mat2str(zeta(1))], ...
29:          ['\zeta=',mat2str(zeta(2))], ...
30:          ['\zeta=',mat2str(zeta(3))], ...
31:          'Location','best');
32:  title('Free Oscillation system');
33:  xlabel('Time sec'); ylabel('Displacement m');
```

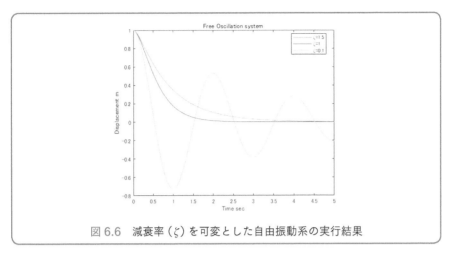

図 6.6　減衰率 (ζ) を可変とした自由振動系の実行結果

減衰率 ζ と減衰係数 c の関係は式 (6.22) から

$$\zeta = \frac{c}{c_d} \quad \because \quad c_d = 2\sqrt{mk}$$

となります．臨界減衰係数 c_c はおもりの質量 m とバネ係数 k から求めることができます．実務的に減衰振動時の減衰率を求めるには，振動を測定してその複数の振幅から求めます．今回は実行結果の図から読み取ります．

　座標軸右上にマウスをポインティングすると，フィギュアツールが現れます（**図6.7**）．この中に「データヒント」があります．「データヒント」を選択します．グラフ上にマウスポインターを移動するとマウスポインターがプラス（＋）に変化します．グラフの値を読みたい場所をクリックすると値が表示されます．そこで2つ目のピークと3つ目のピークの値を読み取ります（**図6.8**）．その値をもとに減衰率を計算してみます．

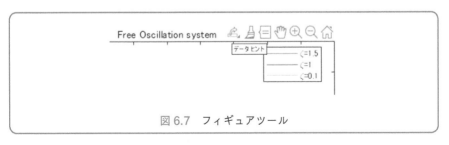

図 6.7　フィギュアツール

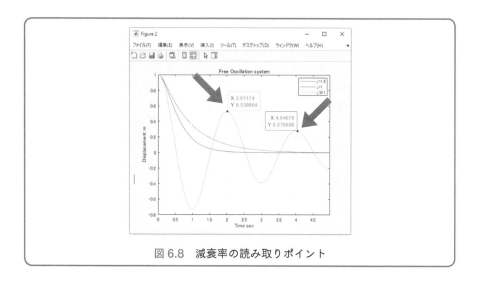

図6.8 減衰率の読み取りポイント

$$\delta = \ln\left[\frac{x_1}{x_3}\right] = \ln\left[\frac{x_2}{x_4}\right] \qquad (6.24)$$

$$\zeta = \frac{\delta}{\sqrt{\delta^2 + (2\pi)^2}} \qquad (6.25)$$

フィギュアのグラフ波形から値を読むと，x_1が0.53，x_3が0.28と読み取れます．これを上記の式(6.24)，式(6.25)に代入すると

$$\delta = \ln\left[\frac{x_1 = 0.530}{x_3 = 0.28}\right] = 0.6274$$

$$\zeta = \frac{\delta}{\sqrt{\delta^2 + (2\pi)^2}} = 0.0994$$

となり，ほぼシミュレーションパラメーター通りの値となります．ちなみに固有振動数もマス-バネ系と同じように計算することができます．

第7章
Simulink
—MBDへの扉を開けて—

　MATLABではSimulinkを使うと，GUI環境でシミュレーションモデルが作成できます．GUI環境でのシミュレーションでも問題とする数学モデルは同じです．表現方法が違うだけであることを忘れないようにしてください．マイクロコンピュータへの組み込みプログラムを開発するときに，数学モデルの可読性のよさおよびSimulinkモデルの可読性のよさからSimulinkモデルでプログラム開発（MBD：Model Based Design/Development）することが積極的に行われるようになっています．このような開発環境での可読性を標準化するため，たとえば自動車業界では，MAAB（MathWorks Automotive Advisory Board）時にモデル作成のガイドライン（Control Algorithm Modeling Guideline）を策定しています．日本ではJMAAB（Japan MBD Automotive Advisory Board）がこの日本語化をしていて，Simulinkを用いたモデル作成をするうえで非常に有用な情報が，このガイドラインに記載されています．

　組み込みシステムを作成するときにあらかじめ計算結果がわかっているのは非常に有利です．また開発したシステムをさまざまな条件でテストすることも容易に可能です．このため，製造業では組み込みシステム開発に対し積極的にSimulinkを活用しています．Simulinkが対象とするシミュレーション問題に対し，さまざまなオプションが用意されています．このオプションはBlocksetと呼ばれています．ここでは特別なBlocksetは取り扱いません．

7.1　Simulinkモデル作成の基礎

　SimulinkとはMATLABのToolboxの一種で，数学モデルをGUI環境で構築するものです．C言語プログラムの最初の一歩のように，正弦波波形（Sine Wave）を表示するSimulinkモデルを例にごくごく基本的なSimulinkモデルの作成法をみていきます．このモデルは，信号源（正弦波と余弦波）と表示器（Scope）だけを用いた単純なモデルです．

　このモデルを作成するために，まず，Simulinkを起動します．Simulinkを起動するにはいくつかの方法があります．**表7.1**にSimulinkの起動方法を示します．

表 7.1 Simulink の起動方法

方法	具体的手順
コマンドライン	`>>simulink` コマンド入力
ホームタブ「Simulink モデル」の新規作成	ホームタブ「新規」→「Simulink モデル」
ホームペイン「Simulink」からの起動	

　表 7.1 で紹介したいずれかの方法を使って Simulink を起動すると図 7.1 のような「Simulink スタートページ」が起動します．このスタートページにはさまざまなテンプレートが用意されています．またインストールされているツールボックス，ブロックセットによっては専用のテンプレートが組み込まれます．作成するモデルによってテンプレートを選択します．ここでは特に断りがない場合は，「空のモデル」から Simulink モデルを作成していきます．

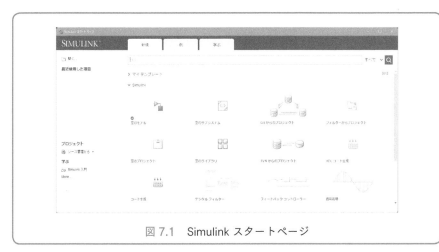

図 7.1 Simulink スタートページ

「空のモデル」を選択すると Simulink モデルを作成する Simulink エディターと呼ばれるウィンドウが開かれます（**図 7.2**）．この Simulink エディターにさまざまなブロックを配置結線して Simulink モデルを作成していきます．ブロックを配置する領域を Simulink スケッチと呼んでいます．必要なブロックを選択配置するのに 2 つの方法があります．1 つは Simulink エディターの空白の部分をダブルクリックすることです．ブロック名を選択することができるポップアップメニューが開かれ，配置可能なブロック名候補の一覧が表示されます．しかしこの方法は Simulink を使いこなしているユーザ用です．Simulink を使い始めたばかりのユーザはブロックのライブラリブラウザーから選択することになります．Simulink エディターの アイコンをクリックすると，**図 7.3** のようなライブラリブラウザーが開きます．

図 7.2 Simulink エディター

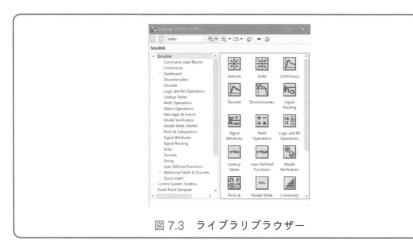

図 7.3 ライブラリブラウザー

ライブラリブラウザーは Appendix1 に示すような機能ごとのカテゴリにまとめられています．このカテゴリはインストールされているツールボックスやブロックセットなどによって変わります．このライブラリの中で初学者が学習用で最もよく使用するのは Commonly Used Blocks，Sinks，Sources でしょう．また本書では Continuous，Math Operations，Signal Routing なども使用します．これらの中の Commonly Used Blocks は各カテゴリの中からよく使用されるブロックを集めたものです．

7.2 Simulink モデルの基礎

Simulink は数学的論理的なモデルをブロックを用いて表現・実行するツールです．したがって，最適なブロックを用いる必要があります．ここでは最も簡単な例を通してどのように Simulink モデルを構築するかをみてみます．その他にも数値計算的な知識が必要になります．また，意外に思われるかもしれませんが，Simulink モデルもプログラムコードと同じ他人にみせるものです．ここでは基礎的な知識についてみていきましょう．

7.2.1 波形モニターモデル

Simulink を用いた波形モニターモデルを作成します．7.1 節に示した方法で，新規の Simulink モデルウィンドウをオープンします．はじめに正弦波を出力するブロックを 2 つ配置します．正弦波を出力するブロックは「Sources」カテゴリに分類されています．

たまにしか使用しないブロックの場合は検索で探すことができます．ライブラリブラウザの上にある 検索語を入力 ▽ にブロック名の一部を入力します．ここでは，「sine」を入力します（**図7.4**）．あるいは「Sources」カテゴリの中から探してもよいで

しょう．この「Sine Wave」ブロックを Simulink エディターに 2 つドラッグ＆ドロップします．この場合，1つの Simulink エディターに 2 つ同じブロックが配置されます．

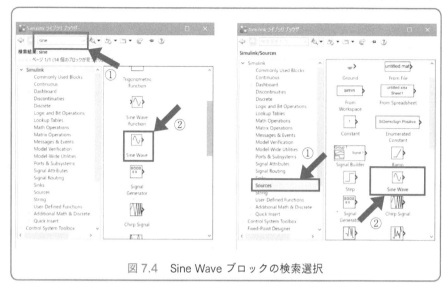

図 7.4　Sine Wave ブロックの検索選択

　通常，ブロックを配置した直後はブロック名が非表示の状態になっています．ブロック名を表示したいブロックをクリックするとブロックの上に「...」が表示され，

これをポインティングするとブロックの簡単なメニュー ＿＿＿＿＿ が表示されます．

この「ブロック名を表示」を選択するとブロックの下側にブロック名が表示されます．Simulink の処理の関係で同じ名前は付けられません．同じブロックが配置された場合，名前の後ろに通し番号が付けられます．

　同じように Scope ブロックも検索して見つけます．この Scope ブロックは「Sinks」カテゴリに分類されています．今度はこの Scope ブロックを 2 つ Sine Wave ブロックの右側に配置します（**図 7.5**）．

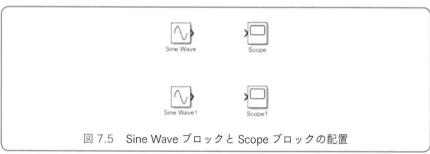

図 7.5　Sine Wave ブロックと Scope ブロックの配置

後はブロック間に配線すればよいだけです．このとき，「Sine Wave」ブロックの右側に出力ポート「＞」が1つ，「Scope」ブロックの左側には入力ポート「＞」が1つあるので配線はほとんど自動で行うことができます．はじめに「Sine Wave」ブロックを選択し，次にキーボードの「Ctrl」キーを押しながら「Scope」ブロックをクリックします．これで，簡単に配線ができます．同じ要領で「Sine Wave1」ブロックと「Scope1」ブロック間にも配線します（**図7.6**）．

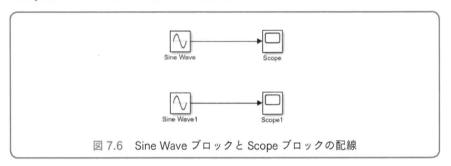

図7.6　Sine Wave ブロックと Scope ブロックの配線

次に，ブロック名を変更しましょう．

「Sine Wave1」ブロックを「Cosine_Wave」ブロックに変更します．名称「Sine Wave1」をクリックすると，名称のところにカーソルが現れますので，名称を「Cosine_Wave」に変更します．同じように各 Scope ブロックの名称も変更します．「Scope」を「Sine_Monitor」，「Scope1」を「Cosine_Monitor」に変更します．

今のままでは上の「Sine_Wave」ブロックも下の「Cosine_Wave」ブロックも同じ正弦波の設定なので，下の正弦波「Cosine_Wave」ブロックを余弦波の設定に変更します．「Cosine_Wave」ブロックをダブルクリックします．これにより「Cosine_Wave」ブロックのブロックパラメーターと呼ばれる設定用ダイアログボックスがオープンします．「位相」欄に位相のずれである「pi/2」を入力したら「OK」ボタンをクリックします（**図7.7**）．これで余弦波が出力されるようになります．

図 7.7 「Cosine_Wave」ブロックの設定

このモデルのシミュレーションの実行は非常に簡単で，メニューバーの ⏵ をク

リックするだけです．今回の場合は単純なモデルなので，デフォルトの状態でシミュ

レーションしてもさほどの影響はありませんが，通常はシミュレーション条件の設

定を行います．Simulink では「コンフィギュレーションパラメーター」でシミュレー

ション条件を設定します．「コンフィギュレーションパラメーター」ダイアログボック

スをオープンするには

・「モデル化」タブ→「モデル設定」

・「シミュレーション」タブ→「準備」から「モデル設定」

・Simulink エディターの右下（デフォルトでは VariableStepAuto）をクリック

・ショートカット「Ctrl＋E」

のいずれか1つの方法で行います（**図7.8**）．

　このメニューで今から実行しようとしているモデルの解法アルゴリズムや各種計算

条件の設定状態が確認できます．今回の波形モニターの場合にはさほど影響はありま

せんが，基本的に「ソルバーオプション」の「タイプ」と「ソルバー」は確認してくださ

い（**図7.9**）．この「ソルバータイプ」が「可変ステップ」の場合には，計算間隔を最小

誤差になるように変更します．また，「ソルバー」はデフォルトで「自動（ソルバーの

自動選択）」になっています．これはソルバータイプ（固定ステップ / 可変ステップ）の選択状況およびモデルの状態により連続系ブロックが使用されているかを判定しています．現在のモデルでは連続系ブロック（主に積分をともなうブロック）を使用していませんので，離散可変ステップ（Variable-Step Discrete）に自動選択されます．実際にはモデルの状態（連続系 / 離散系または硬い問題の有無）について検討を行うことになります．ソルバーの概要を 7.6 節に記載しています．

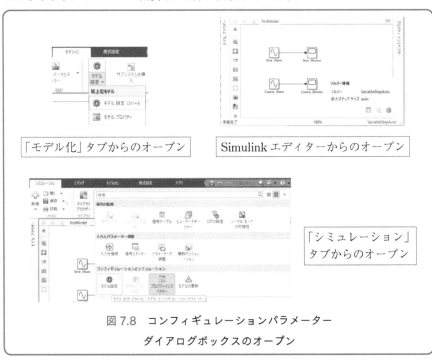

図 7.8　コンフィギュレーションパラメーター
ダイアログボックスのオープン

図 7.9　ソルバーの設定

実行前にこのモデルを保存しておきましょう．ただし，ファイル名は MAB および

JMAAB で設定されたガイドライン（Control Algorithm Modeling Guideline）に従うべきです．このガイドラインによると，ファイル名の頭文字には半角の数字やアンダースコア（_）は使用しないよう勧告がされています．アンダースコアは単語の区切りとして使用します．そこで，このモデル名も `first_model` とします．モデルの保存は，ほかのアプリケーションと同じようにメニューバーから「ファイル」→「名前を付けて保存」を選択して行います．

　保存が終了したらいよいよ作成した Simulink モデルの実行です．今回は 2 つの Scope ブロックを使用していますので，これらの Scope ブロックをダブルクリックしてグラフをオープンしておきます．そうしておかないと，計算のみが実行されてしまい，確認がしづらくなります．

　実行すると，**図 7.10**，**図 7.11** のようなグラフが得られます．

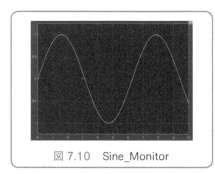

図 7.10　Sine_Monitor

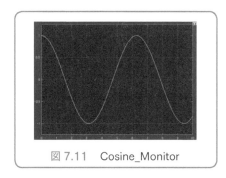

図 7.11　Cosine_Monitor

　この Scope ブロックにはいろいろな有益な機能が追加されています．Scope ブロックのツールアイコンの左にあるコンフィギュレーションプロパティ ◎ でさまざまな設定を行うことができます．これまではこのコンフィギュレーションプロパティからグラフのスタイルなどを設定していましたが，よく使用する機能は個別のアイコンからでも行うことができるようになっています．その一覧を**表 7.2** に示します．

表 7.2　Scope のグラフ設定アイコン

アイコン	概要
◎　コンフィギュレーション	入力端子などの基本的な Scope グラフの設定． スタイル，レイアウトおよび凡例を統合した機能をもつ．
▨　スタイル	ラインの色などのスタイルを設定．
▦　レイアウト	グラフの個数を設定．
▤　凡例	グラフの凡例を設定．

この Scope ブロックでシミュレーションのステップ実行などの簡易的なデバッグも行うことができます．また，モデルの検証として波形のカーソル機能 も追加されています．このカーソルはオシロスコープなどの測定器に装備されているような波形の時間，計算結果などを表示するものです．

7.2.2 Scope の活用

7.2.1 項ではそれぞれの波形を個別の Scope で観測していました．最近の Scope ブロックは Scope ブロック 1 つで複数の波形を表示することができます．シミュレーションには影響を与えませんが，上記の Simulink モデル名を **first_model2** に変更しておきます．今回は Sine_Wave ブロックで正弦波と余弦波の波形を観測します．

Sine_Wave ブロック，Cosine_Wave ブロックおよび Sine_Monitor ブロックのみを残し，ラインと Cosine_Monitor ブロックを削除します．そして，Sine_Monitor を Wave_Monitor に変更します．Sine_Wave ブロック，Cosine_Wave ブロックと Wave_Monitor ブロックを接続します．ラインをダブルクリックして I カーソルが出たらラインにそれぞれ「Sine_Wave」「Cosine_Wave」と名称を付けます．これで Scope のグラフ上でライン名称を表示する準備ができました．後はグラフの凡例やタイトルを設定します．これらの設定はコンフィギュレーションプロパティで行います．

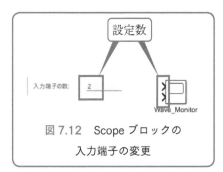

図 7.12 Scope ブロックの
入力端子の変更

図 7.13 タイトル・凡例の設定

まず Wave_Monitor をオープンし，コンフィギュレーションプロパティをオープンします．**図 7.12** のように入力端子の数に端子数を設定します．これにより**図 7.12** のようにブロックの入力数が設定できます．Scope のグラフで表示するグラフの数（軸数）は「レイアウト」で設定できます．デフォルトでは 1 つのグラフに入力端子数の波形が表示されます．今回はデフォルトのままにします．**図 7.13** に示すようにタイトルに「Wave_Monitor」を設定します．これにより，Scope のグラフにタイトルを設定しました．グラフには 2 つの波形が表示されるので，「凡例の表示」にチェックを付

けます．これでグラフの右上に波形の名称（ここではライン名称）が付きます．今回
の Simulink モデルを**図 7.14** に示します．この状態でシミュレーションを実行します
（**図 7.15**）．

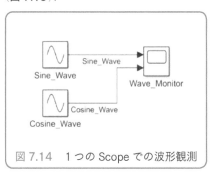

図 7.14　1 つの Scope での波形観測

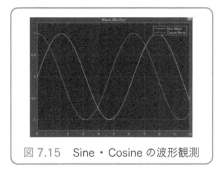

図 7.15　Sine・Cosine の波形観測

7.3 微分方程式のモデリング

力学や物理現象をシミュレーションすることは MBD（Modeling Based Design/
Development）の立場からみれば，制御対象のモデリングに相当します．システム開
発では設計の上流工程に相当しますが，Simulink を活用する立場としても避けて通る
ことはできないと考えます．

7.3.1　1 階微分方程式のモデル（RL 直列回路の回路方程式）

1 階微分方程式のモデリング例として RL 直列回路を考えます．ここでは**図 7.16** の
ような抵抗とコイルが直列に接続された回路に直流電圧を加えたときの電流波形を計
算します．

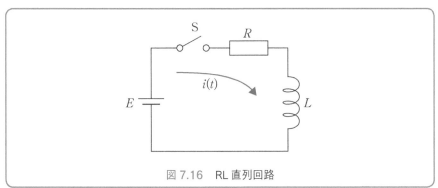

図 7.16　RL 直列回路

スイッチ S を閉じると電流 $i(t)$ が流れます．この回路には，コイルが入っていま
す．ご存じのようにコイルに電流が瞬間的に流れた場合，磁束が発生します．この磁
束 $\phi(t)$ はコイルの巻数 N に比例するので，

$$\varphi(t) = kNi(t)$$

が成り立ちます. ここで, 自己誘導でコイルに発生する電圧 $v(t)$ は

$$v(t) = -N\frac{d\varphi(t)}{dt} = -L\frac{di(t)}{dt} \qquad \because \quad L = kN^2 \tag{7.1}$$

で求められます. 式 (7.1) のマイナスの符号はフレミングの右ねじの法則による電流の向きを表しているので, 数値だけをみるのでしたら, プラスとして考えてもよいでしょう. したがって, このときの回路方程式は

$$E = Ri(t) + L\frac{di(t)}{dt}$$

となります. 今求めたいのは電流値ですから, 上式を変形して

$$\frac{di(t)}{dt} = \frac{1}{L}(E - Ri(t)) \tag{7.2}$$

とします. 変数分離型の微分方程式なので解曲線を求めることができます. ここでは微分項を求める Simulink モデルを考えます. この方程式の両辺を積分すれば, 電流波形 (解曲線) を求めることができます. ここでは, Simulink を用いてこの方程式のブロックを作成して解曲線を求めてみましょう. ただし, 初期値はすべて 0 とします.

　式 (7.2) 右辺のカッコの中に着目してください. ここは, 電圧 E と抵抗成分の起電圧 $Ri(t)$ の差として表現されています. これは電圧 E と抵抗成分の起電圧 $-Ri(t)$ の和であると考えると, 入力が 2 つある Sum ブロック (**図 7.17**) を用いればよいことに気がつくでしょう. Sum ブロックは入力端子からの値の加算を計算するブロックです.

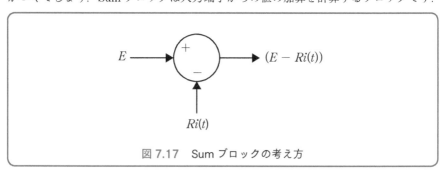

図 7.17 　Sum ブロックの考え方

　抵抗に発生する電圧 (起電力) は抵抗と電流の積になっています. 実際は, この電流はまだ計算されておらず, 未知数です. ここでは「すでに計算された」と仮定します. そうなれば, 抵抗に発生する起電力は電流を R 倍すればよいでしょう. R 倍するのには, Gain ブロックを使用します. この Gain ブロックは入力の値を指定された値に乗

算します．これで式 (7.2) のカッコ内が計算できました．さらにカッコの値を $1/L$ 倍していますので，これも Gain ブロックを使用して実現します．$1/L$ 倍したものが式 (7.2) の右辺になっています．式 (7.2) の左辺は電流の時間変化 (微分) になっているので，これを積分すれば電流値が計算できます．

7.3.2　RL 直列回路の Simulink モデル

　これで Simulink モデルの主要な部分をブロックで構築できそうです．しかし，まだ電源 E をどのようにするかを決めていません．回路図をみると直流電源になっていますので，一定値を出力するブロックが使えそうです．ブロックでいえば，Constant ブロックか Step ブロックが手軽に使えそうです．またスイッチは on になったときに通電すると考えます．このスイッチは理想的なスイッチとします．すなわちスイッチが on/off するときのチャタリングや機械的ロスはないとします．

　このように考えると任意のタイミングで通電できるようにするため Step ブロックがよいでしょう．スイッチ on 直前の状態は電流が流れていないとしています．当然スイッチ on をシミュレーションの開始と考えるならば Constant ブロックでも可能です．これらから式 (7.2) の回路方程式を Simulink モデルにします．その Simulink モデルを**図 7.18** に示します．

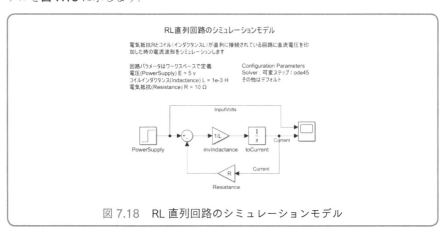

図 7.18　RL 直列回路のシミュレーションモデル

　回路パラメーターとして電源電圧 `E=5`；コイルのインダクタンス `L=1e-3`；抵抗 `R=10`；をコマンドウィンドウで入力しておきます (**図 7.19**)．この手法のメリットはいろいろな値でシミュレーションを行うことができることです．

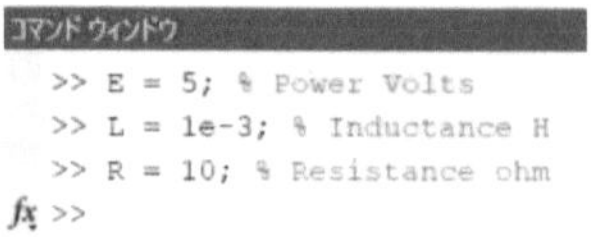

```
コマンド ウィンドウ
>> E = 5; % Power Volts
>> L = 1e-3; % Inductance H
>> R = 10; % Resistance ohm
fx >>
```

図 7.19　RL 直列回路パラメーター

　図 **7.18** には余白にいろいろなコメントが入力されています．このコメントは実行に影響を与えません．基本的に Simulink モデルはプログラムコードと同じで，人にみせるものです．したがってこのモデルをみて，「どのような目的のモデルなのか？実行するときの設定などはどうするのか？」が明確にわかるようにすべきです．本書では日本語で記述していますが，海外との連携の場合は，共通のフォントを使うべきでしょう．コメントを入力するときはブロックの入力と同じようにコメントを入れたい箇所（余白部分）をダブルクリックします．そうしてコメントを入力していきます．コメント機能については，7.7 節で詳しく紹介します．今回は入力しなくても構いません．

　それでは，実際に**図 7.18** の Simulink モデルを構築してみましょう．図中の PowerSupply は Step ブロック ⬚ です．この Step ブロックは「Sources」カテゴリに分類されています．配置後，Step ブロックのブロックパラメーターの最終値に E を入力します．ただ，ワークスペースに変数 E がないとエラーとなります（エラーになっても編集は継続できます）．

　次に，Sum ブロック ⊗ を配置します．この Sum ブロックは「Math Operations」カテゴリに分類されています．Sum ブロックはデフォルトで 2 つの入力端子，1 つの出力端子をもっています．Sum ブロックのデフォルトの入力は 2 つともプラスになっています．これを，**図 7.20** のように 1 つはプラスにし，もう片方をマイナスにします．符号リストの先頭には「|」が入っています．これはスペーサーと呼ばれているものです．入力端子は Sum ブロックの頂点を 1 とし，反時計回りに配置されます．そして，スペーサーの位置に相当する端子をダミーとしています．「アイコン形状」は「円形」または「四角形」です．MAB および JMAAB のガイドラインでは，入力の個数が 3 〜 4 以上ならアイコン形状を四角形にするように勧告しています．この Sum ブロックは左から入力される電源 E と下部から入力されている信号 $Ri(t)$ から $(E - Ri(t))$ を計算し出力します．

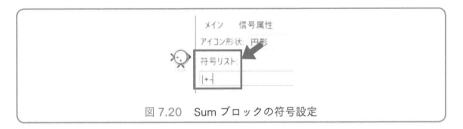

図 7.20　Sum ブロックの符号設定

次に $(E-Ri(t))$ を 1/L 倍するために Gain ブロック を用います．Gain ブロックは Sum ブロックと同じ「Math Operations」カテゴリに分類されています．この Gain ブロックのブロックプロパティでゲインに 1/L を設定します．ブロック名は invIndactance に変更します．同じように Gain ブロックを配置し，ブロック名を Resistance に変更します．しかしこの Gain ブロックは左向きになっています．ブロックの反転はいろいろな設定方法があります．まずは反転するブロックを選択し，

・ブロックのショートカットメニューの「書式設定」→「ブロックの反転」を選択
・「書式設定」から「調整」内の「左右を反転」を選択
・ショートカット「Ctrl」＋I で反転

のいずれか 1 つの方法で反転させます（**図 7.21**，**図 7.22**）．反転する過程で名称がブロックの上になってしまうことがありますが，ブロックの名称はなるべくブロックの下に来るようにします．これはあくまでも Simulink モデルの可読性のためです．次に，Resistance である Gain ブロックのブロックパラメーター内「ゲイン」に変数 R を設定します．このときもワークスペースに変数がない場合エラーが表示されます（エラーが表示されていても編集は可能です）．Resistance ブロックの出力と Sum ブロックのマイナス端子を接続します．

図 7.21　ショートカットメニューからの反転

図 7.22　「書式設定」メニューからの反転

invIndactance ブロックの右側に Integrator ブロック 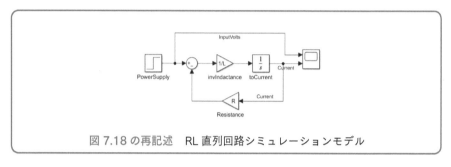 を配置します．そして invIndactance ブロックと配置した Integrator ブロックの入力端子を接続します．invIndactance ブロックの出力は式 (7.1) の右辺になっています．この値を積分することにより電流値に変換することができます．Integrator ブロックの名称を toCurrent にします．また toCurrent ブロックと Resistance ブロックの入力端子を接続します．下記に **図 7.18** を再記述します．

図 7.18 の再記述　RL 直列回路シミュレーションモデル

図 7.23　Scope グラフの設定

シミュレーションの計算結果は，**図 7.18** の通り Scope ブロックで表示させます．今回は Scope ブロックの 2 つの入力端子と 2 つのグラフを表示させます．入力端子を 2 つに増やすには Scope ブロックのグラフのコンフィギュレーションプロパティの「メイン」の「入力端子の数：」に 2 を設定します．上段のグラフには電源のグラフ，下段には電流のグラフを描画します．上の端子は PowerSupply ブロックの出力線と接続します．2 つ目の入力端子は toCurrent ブロックの出力端子と接続するのですが，toCurrent ブロックの出力端子はすでに Resistance ブロックと接続されています．これを図の通り分岐させましょう．Simulink 初心者は Scope ブロックの入力端子から toCurrent ブロックと Resistance ブロックのラインにドラッグします．分岐点からラインを伸ばすこともできますが，逆方向（入力端子）から伸ばすほうが接続しやすいでしょう．

　次にグラフに凡例を表示させます．これは「表示」タブの「凡例の表示」にチェックを付けることで実現できます．ここで注意点ですが，「アクティブな表示」の1と2ともに「凡例の表示」にチェックを付けます．この設定を忘れがちになるので注意してください．

　ラインに名前を付けることもできます．今回のモデルは比較的小さいのでラインはわかりやすいのですが，大きなモデルになると信号の流れが把握しづらくなります．そこでラインに名前を付けることにより信号の流れを把握しやすくします．ラインに名前を付けるには単純にラインをダブルクリックします．ブロック名も同じですが，名称はなるべく MATLAB の変数名と同じ規則で付けます．

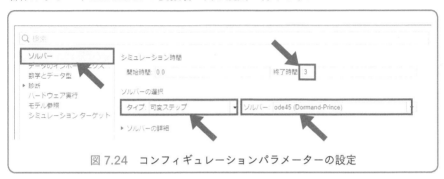

図 7.24　コンフィギュレーションパラメーターの設定

　これからシミュレーションを実行するわけですが，本来はシミュレーションの実行条件を設定します．シミュレーションの設定は**図 7.9**「ソルバーの設定」でみたようにコンフィギュレーションパラメーターで行います（**図 7.24**）．今回はシミュレーションの「終了時間」をデフォルトの 10 から 3 にします．ソルバーの選択でタイプをデフォルトの「可変ステップ」，ソルバーを「**ode45(Dormand-Prince)**」にします．これで 4 次のルンゲ-クッタ法を選択したことになります．この 4 次ルンゲ-クッタ法はオールマイティなアルゴリズムで，多くのモデルで適応が可能です．すべての設定が終わったらシミュレーションを実行します．**図 7.25** に実行結果を示します．グラフの中の凡例はマウスでドラッグして適当な場所に移動することが可能です．

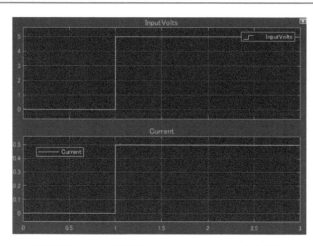

図 7.25　RL 直列回路のシミュレーション実行結果

　シミュレーションの魅力の 1 つはさまざまな値を設定して状態を確認することができることです．たとえば，上記のモデルの抵抗値が劣化などの要因で変化し，そのときの電流値の変化を知りたいとします．そこで，抵抗値 R を 3 オームから 20 オームまで 5 オームごとに変化させた電流値をグラフ化します．コマンドラインから「`R = (3:5:20)';`」を入力してシミュレーションを実行します．その実行結果を**図 7.26** に示します．

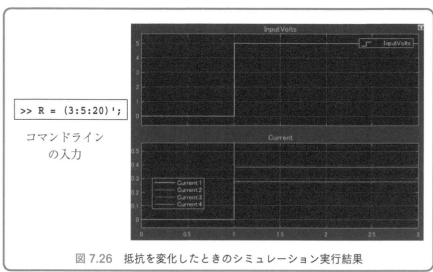

図 7.26　抵抗を変化したときのシミュレーション実行結果

7.3.3 2階微分方程式のモデリング（1自由度のマス - バネ - ダンパ）

工学では，力学系の問題をシミュレーションすることがよくあります．ある物体の運動において物体の変位の時間微分は速度，速度の時間微分は加速度になります．変位に対して速度は1階微分，加速度は2階微分になります．力学的に加速度系の挙動を把握することは非常に重要でしょう．本節ではこの2階微分系のSimulinkモデルについてみてみます．

2階微分方程式のモデリング例として機械系の問題でのSimulinkモデルを考えます．これは第6章の例6.3「減衰項を含んだ振動系の解析」と同じ運動方程式になります．再度モデルを記述します．

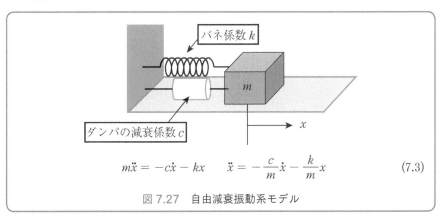

$$m\ddot{x} = -c\dot{x} - kx \qquad \ddot{x} = -\frac{c}{m}\dot{x} - \frac{k}{m}x \qquad (7.3)$$

図 7.27　自由減衰振動系モデル

ここで，この台車の質量を m [kg]，ダンパの減衰係数 c [N·s/m]，バネ定数 k [N/m] とし，出力を基準位置からの偏差 x [m] とすると，システムの運動方程式は式 (7.3) となります．このとき台車に働く摩擦係数は無視しています．ここでSimulinkモデルのために式 (7.3) を式 (7.4) に変形します．

$$\ddot{x} = -\frac{c}{m}\dot{x} - \frac{k}{m}x = \frac{1}{m}(-c\dot{x} - kx) \qquad (7.4)$$

7.3.4 シミュレーションモデルの考え方

今回の運動方程式は2階微分方程式になっています．このような運動方程式をシミュレーション上でモデル化するときは，最高次の微分係数に着目し，運動方程式を式 (7.4) のように変形します．

2階の微分項がありますので，積分器は2つ必要なことがわかります．積分器が2つあれば，加速度から変位が計算できます．ここで，運動方程式中の m, c, k は既知な

ので，MATLAB のワークスペース上にパラメーターとして設定することにします．

式 (7.4) の右辺カッコ内は $-c\dot{x}$ と kx の差です．ここで変位を x としていますので，$\dot{x}$ は速度を表しています．これはパラメーターとして与えられていません．計算して算出されるものです．しかし，バネによる振動モデルと同じように，ここでは計算されていると仮定します．変位についても同じで計算されたと仮定し考えます．したがって，$c\dot{x}$ はダンパの減衰係数と速度の積になっていますので，ダンパの減衰係数 c をパラメーターとする Gain ブロックを配置すればよいでしょう．バネの項も同じで変位はすでに計算されていると仮定します．

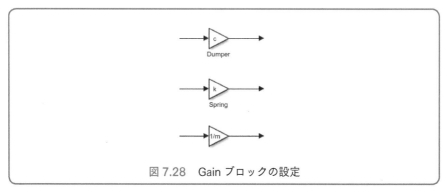

図 7.28　Gain ブロックの設定

また式 (7.4) の右辺カッコ内を $-c\dot{x}$ と $-kx$ の和としてとらえれば Sum ブロックを用いればよいことになります．ここでは形状を四角形にしておきます．式 (7.4) の右辺はカッコ部分と $1/m$ の積になっているので Sum ブロックの後には Gain ブロックを使用します．

$1/m$ の Gain ブロックの出力は式 (7.4) の $\ddot{x}$ になっています．そして加速度 $\ddot{x}$ が Integrator ブロックを通ると速度 $\dot{x}$ になります．この信号をダンパの Gain ブロックの入力にします．さらにもう 1 段の Integrator ブロックを通ると速度 $\dot{x}$ から変位 x になります．この変位 x の信号をバネの Gain ブロックの入力にします．

Integrator ブロックですが，今回は初期値を設定します．ここで例 6.3「減衰項を含んだ振動系の解析」を思い出してほしいのですが，ode ソルバーで解曲線を計算するのに初期値を与えていました．この Simulink モデルも初期値を与えます．**図 7.29** のブロックパラメーターで「初期条件」を外部にすると Integrator ブロックの入力端子が 2 つになります（**図 7.30**）．つまり，「入力端子 x0」に積分の初期値を設定することができるようになります．これにより，たとえば初期条件の入力項と Constant ブロックを接続しておけば，Simulink モデルをみれば積分条件が明確になります．

基本的に設定や入力に関する項目は外部からわかるようにするか，あるいはコメントに明記しておきましょう．このように計算条件を明記しておけば，間違いが起こり

にくくなり，モデルの意味も相手に伝達しやすくなります．

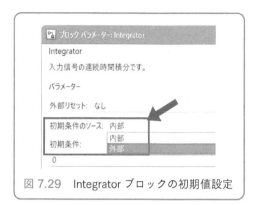

図 7.29　Integrator ブロックの初期値設定

図 7.30　外部処置器設定用
Integrator ブロック

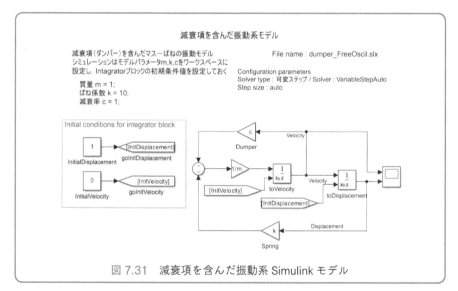

図 7.31　減衰項を含んだ振動系 Simulink モデル

　全体の Simulink モデルを**図 7.31** に示します．この Simulink モデルの中に 3 種類の新しいブロックが含まれています．このモデルでは，Integrator ブロックの初期条件をモデルの外側に配置しています．この配置の考え方ですが，信号線同士が交差してモデルが乱雑になるのを避けるためです．この離した初期条件ブロックを Goto ブロック（ [InitDisplacement]，[InitVelocity] ）と From ブロック（ [InitDisplacement]，[InitVelocity] ）を使って仮想的に接続します．当然デザイナーの考え方によりますが，初期条件値を設定する Constant ブロックを Displacement ループの中に入れてしまうのも OK です．

　これで，ブロック図が完成しました．次に，Gain ブロックのゲインが，`c`，`k`，`1/m`

になっていますので，コマンドウィンドウで c = 1，k = 10，m = 1 を設定します．
また距離の初期値（InitDisplacement）を 1，速度の初期値（InitVelocity）を 0 にしま
す．以下にコマンドとシミュレーション結果を示します．

ワークスペース	Simulink 実行結果
>> m = 1; >> k = 10; >> c = 1;	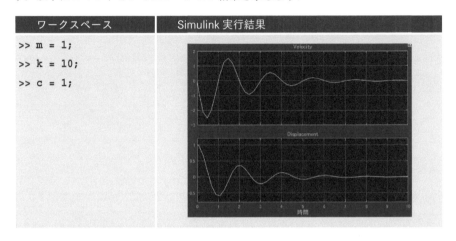

7.4 MATLAB 関数を組み込んだ Simulink モデル

　システムをシミュレーションするとき，すべて Simulink ブロックを使うのもよい
のですが，場合によっては数式を使用したほうがモデルがすっきりする場合がありま
す．以前は簡単な数式を組み込むための Fcn ブロックが使用できましたが，現在は
使用不可になっています（ブロックブラウザから外されています）．この代用として
MATLAB Function ブロックを用いることができます．

　式を含んだモデルの例として，**図 7.32** に示した糸につながれたおもりの運動
をシミュレーションするモデルを作成してみます．式 (7.5) の変数を**表 7.3** に示し
ます．MATLAB コードで実装するには単純すぎますが，この式 (7.5) の sin 項を
MATLAB Function ブロックで実装します．

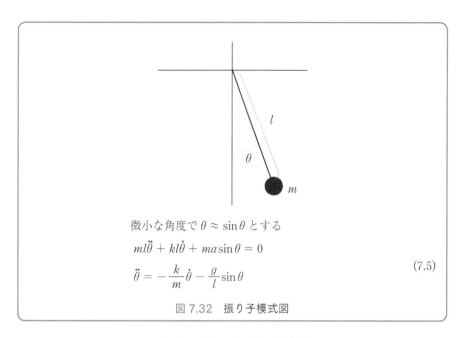

微小な角度で $\theta \approx \sin\theta$ とする

$$ml\ddot{\theta} + kl\dot{\theta} + ma\sin\theta = 0$$

$$\ddot{\theta} = -\frac{k}{m}\dot{\theta} - \frac{g}{l}\sin\theta \qquad (7.5)$$

図 7.32　振り子模式図

表 7.3　式 (7.5) で用いた変数

変数名	意味	単位
m	おもりの質量	kg
l	糸の長さ	m
θ	角度	rad
g	重力加速度	m/s^2
k	粘性減衰	N・s/m

　デフォルトの MATLAB Function ブロックは 1 つの入出力端子をもっています．新しく登場した 3 つの変数について，重力加速度は 9.8 で一定ですのでコード内に定数として保持します．入力端子から角度 θ を受け入れます．残りの変数 l について，この値をコードに受け取る方法はいろいろあると思いますが，ここでは外部から受け取ることにします．**図 7.33** に途中までの Simulink モデルを示します．この中の Scope ブロックのレイアウトは上下 2 段のグラフに設定します．また「表示」タブ内「凡例の表示」にチェックを入れます．

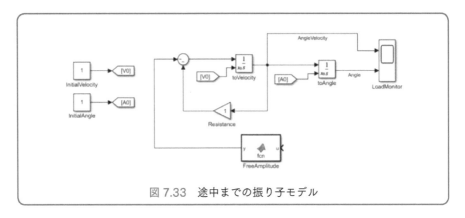

図 7.33 途中までの振り子モデル

「FreeAmplitude」ブロック（MATLAB Function ブロック）上でマウスを右ク
リックし，ショートカットメニューから「新しいタブで開く」を選択します．これによ
りエディターが開きます（MATLAB Function ブロックをダブルクリックしても構
いませんが，Simulink エディターが関数 M- ファイルエディターに切り替わってしま
います）．

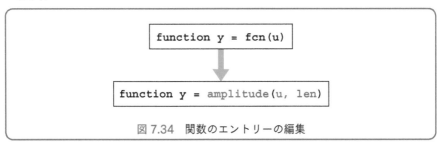

図 7.34 関数のエントリーの編集

　このエディターを開くと，関数の引数が変数 u になっています．当然この引数は
入力端子と連携されています．ここで変数として糸の長さ *l* を追加することを考えま
す．糸の長さは前記したように入力端子から受け取ります．新たに変数を追加するた
めに，入力引数リストを編集します．図 7.34 の関数のエントリーに示すような引数
と関数名に編集をします．これにより Simulink エディター内の「FreeAmplitude」ブ
ロックに新たな入力端子 len が出現します．ここで糸の長さを定数とする Constant
ブロックを追加し，「FreeAmplitude」ブロックの len 端子と接続します．後は u 端
子と「toAngle」ブロックの出力を接続します．MATLAB コードを List 7.1 に示し
ます．

List 7.1「FreeAmplitude」ブロック

```
 1:  function y = amplitude(u, len)
 2:  %y = amplitude
 3:  % 単一振り子モデルの振り角度からおもりに加わる力（重力加速度）
 4:  % を計算する
 5:  %    書式として
 6:  %    入力：角度 u
 7:  %          糸の長さ len
 8:  %    出力：力 y 正確に言えば，おもりの加速度
 9:  % 特記事項
10:  %    引数 1 はグローバル変数
11:  %          データ元は MATLAB Workspace 上の変数 1 とする
12:      g = 9.8;    % 重力加速度
13:      y = (g/len)*sin(u);
14:  end
```

最終的な Simulink モデルを**図 7.35** に示します．また，k = 2e-5, m = 1, l = 1, 初期値として角速度 1 rad/s，角度 1 rad，そしてコンフィギュレーションパラメーターはデフォルトでのシミュレーション実行結果を**図 7.36** に示します．

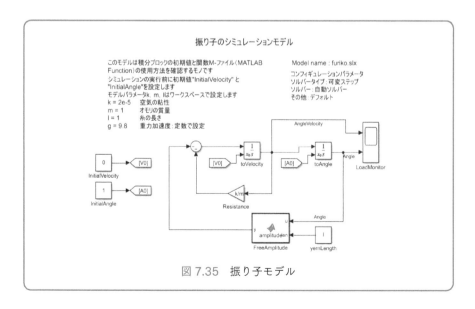

図 7.35　振り子モデル

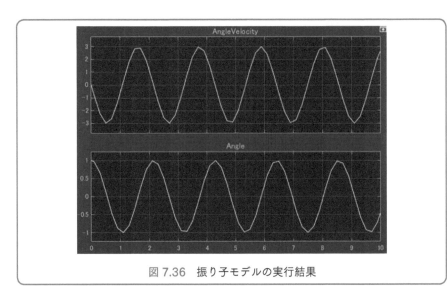

図7.36 振り子モデルの実行結果

7.5 ブロック部品化

プログラム開発でもソフトウェアの部品（モジュール）化は非常に重要な要素です．ソフトウェアの部品化が進めば，ソフトウェアのライブラリ化が進みます．プログラムは1つのサービスを提供するために複数の機能が連携をとりながら実行します．これらの機能がソフトウェアの部品となり，その部品がライブラリとしてまとめられます．このライブラリを用いることでシステム開発の納期が短縮でき，高品質（バグの発生が少ない）なプログラムが作成可能となります．

Simulink のモデリングについても同じことがいえます．すなわち，ある機能を実現するための機能ブロックです．この機能ブロックは一般に信号の入力と出力があり，複数の機能ブロックが連結されて1つのモデルを実現しています．この機能ブロックが豊富にあれば1つのライブラリを構成することができます．この機能ブロックが Subsystem と呼ばれるものです．ここではモデルの部品化（Subsystem）の基礎についてみていきます．

7.5.1 ベースとなるひな形の作成

プログラムのモジュールはいくつかのステートメントが集まって1つの機能を実現しています．同じように Simulink モデルでもいくつかのブロックが集まり1つの機能を実現することができます．この機能単位を Subsystem でまとめることができます．いくつかのブロックを Subsystem にまとめる方法としては下記に示すように大きく分けて2つの方法があります．

1. Simulink のスタートページの空の Subsystem から作成
2. Simulink エディターで Subsystem 化したい部分を選択して作成

1 の方法は Subsystem の I/O, 仕様などが確定しているときは作成することが可能です. それに対して, 2 の方法は機能の動作を確認しながら作成することができます. ここでは DC モータのモデルを作成しながら Subsystem を作成してみます.

DC モータのモデルにはいろいろな表現方法があります. 機能的にみた場合, 電源と回転数との関係とみなすことができます (電源とローターの回転角度の関係とみる場合もあります). 電源と回転数はちょうど飽和曲線で近似することができます. ここで回転数を ω とすると

$$\omega = f(1 - e^{-\tau t})f, \quad \tau : モータの電気的, 機械的な構成で決まるパラメーター$$

で近似できます.

ここでは仮想的な小型 DC モータの伝達関数 (微分方程式をラプラス変換したもの) を用います. この小型 DC モータは定格電圧 12 V を与えたときに約 46.4 rad/s 回転するとします (あくまで仮想です). この伝達関数を Simulink に組み込むために Transfer Fcn ブロック ▶ $\boxed{\frac{\cdot}{\cdot}}$ ▶ を用います. この Transfer Fcn ブロックは Continuous カテゴリの中に分類されています. Transfer Fcn ブロックの詳細は第 8 章を参照してください. この DC モータの伝達関数を $\dfrac{3.29}{(s + 0.85)}$ とします. また入力を目標回転数とします. ここでこの伝達関数は電圧を与えたときの回転数算出モデルです. したがって, 回転数から印加電圧への変換を考えます. 回転数と印加電圧が 1 次関数で近似できるとします. この関数を $v = \dfrac{\omega}{3.87}$ とします. **図 7.37** 中の Command のブロックですが, これは Slider Gain ブロックで, 入力を指定した倍率にするブロックです. この Slider Gain ブロックは, ブロックパラメーターのダイアログボックスをオープンにしておくと, シミュレーション実行中でもパラメーターを変化させることができます. **図 7.38** に動作確認として Slider Gain のスライダーを最大 (46) にしたときの Scope を示します.

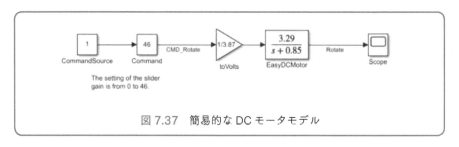

図 7.37　簡易的な DC モータモデル

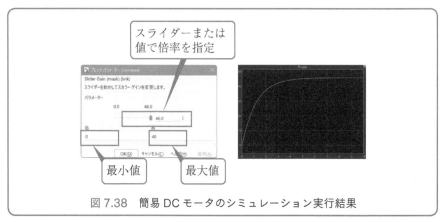

図 7.38　簡易 DC モータのシミュレーション実行結果

7.5.2　Subsystem 化

図 7.37 において toVolts の Gain ブロックと EasyDCMotor の Transfer Fcn ブロック 2 つのブロックを覆うようにドラッグして選択します（**図 7.39**）．**図 7.39** のように Subsystem にしたいブロックを選択すると選択ブロックのメニューが出ます．このメニューの一番左の「サブシステムの作成」を選択します．これにより**図 7.40** のような Subsystem ブロックに変換された Simulink モデルができます．

Subsystem の入力部分には自動で入力ポートブロック が挿入されます．またこの入力ポート名はライン名が付いています．出力ポート も同じように自動挿入されてライン名がブロック名になっています．モデルの一部の機能を Subsystem 化することによりモデル全体の見通しがよくなります．さらにプログラムの「情報隠匿」も Simulink モデルで実現することができます．

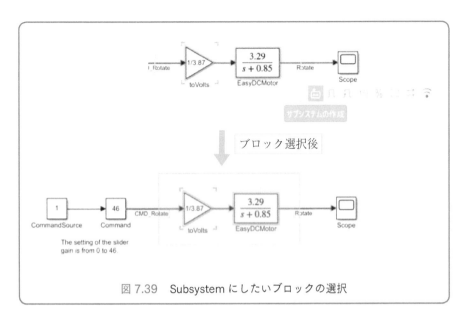

図 7.39 Subsystem にしたいブロックの選択

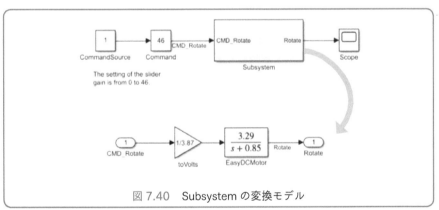

図 7.40 Subsystem の変換モデル

7.5.3 Atomic Subsystem

Subsystem は複雑な Simulink モデルをすっきりとさせ，全体を見通しやすくしています．ただ，Subsystem は見た目をブロック化したものです．このブロックをバーチャルブロックと呼んでいます．実行順位をこの Subsystem 単位にするために Atomic Subsystem に変更します．対象となる Subsystem を右クリックし，ポップアップメニューの中からブロックパラメーターを選択します．ブロックパラメーターの中の「Atomic サブシステムとして扱う」にチェックを付けます（**図 7.41**）．

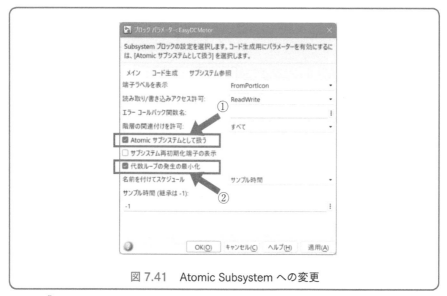

図 7.41 Atomic Subsystem への変更

この「Atomic サブシステムとして扱う」にチェックを付けると，その下に「代数ループの発生の最小化」が表示されます（**図 7.41**）．もし可能であれば，ここにもチェックを付けます．代数ループとはフィードバック処理で値が確定しない現象をいいます．代数ループは初期値をもたないフィードバックを含んだモデルでエラーとして発生します．通常，この代数ループのエラーはモデルからは見つけづらいエラーとなりますので，可能であればチェックを付けます．あるいはモデルの方程式を変更してフィードバックをなくすか，初期値を設定するブロックの挿入をします．

7.6 ソルバーの種類

Simulink のソルバーは大きく分けて「可変ステップ」ソルバー /「固定ステップ」ソルバーがあります（**表 7.4**）．可変ステップソルバーは計算精度（コンフィギュレーションパラメーターで指定可能）が最適になるように計算ステップを調整します．それに対し固定ステップソルバーは指定したステップ間隔で数値積分を行います．そのため，ステップ数の設定値によっては計算精度に大きな違いが発生してしまう場合がありますので注意が必要です．

ECU 設計においては固定ステップソルバーのうち ode1（Euler Method）をよく使用すると思います．これは，テイラー級数展開の第 1 項のみを使うもので，計算負荷（計算にかかる時間）が少ないという特徴があります．通常，ステップ数を細かく設定することにより計算精度を確保することができます．計算精度が問題になるようでしたら ode2（Heun's Method）を検討することになります．ただし，このアルゴリズム

はテイラー級数展開の第2項まで使って計算するため，CPU パワーがある ECU を使用する場合にしか使えません．

ソルバーに関しては，青山貴伸・蔵本一峰・森口肇（著）『今日から使える！MATLAB』（講談社）の第5章，第7章を参照してください．また，各種のソルバーに関しては数値計算の文献を参照してください．

表 7.4　ソルバーの種類

可変ステップ		固定ステップ	
ode45	4-5 order Runge-Kutta	ode1	Euler
ode23	2-3 order Runge-Kutta	ode2	Heun
ode113	Adams-Bashforth Moutlon	ode3	Bogacki-Shampine
ode15s	1-5 order NDF,VSVO	ode4	4 order Runge-Kutta
ode23s	2 order Rosenbrock	ode5	Dormand-Prince(RK5)
ode23t	Trapezoidal rule	ode8	Dormand-Prince(RK8(7))
ode23tb	TR-BDF2（陰的な RK）	離散（連続状態なし）	

可変ステップ，固定ステップともにはじめのソルバー設定は自動になっています．これは Simulink エディター右下のハイパーリンクに表示されています．シミュレーションを実行するときに Simulink が現在の精度設定で最適なアルゴリズムを選択します．

シミュレーション結果をもとにソルバーを変更したいときは，Simulink エディター右下のハイパーリンクをクリックすると現在の状態が表示され，Simulink が選択したソルバーを受け入れるかどうかを選択することができます（**図 7.42**）．

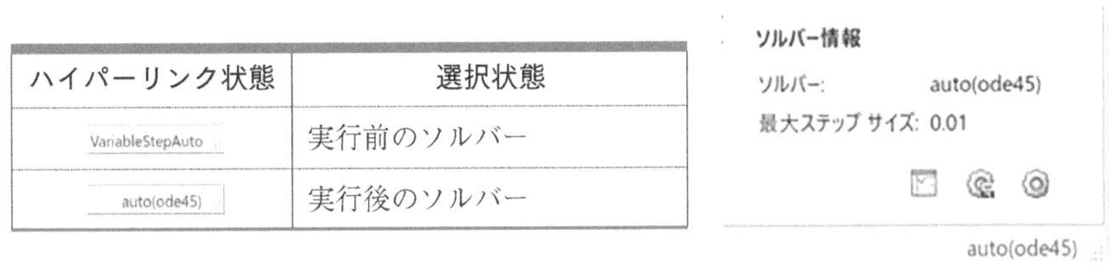

図 7.42　Simulink からのソルバー情報

7.7　Simulink モデル内のコメント

Simulink のブロックを的確に配置しシミュレーションを実行するのは重要です．ただ，シミュレートするときに各設定・条件などの注意点を明記したほうがよいで

しょう．MATLAB/Simulink をシステム開発に活用するメリットの1つに「実行可能な仕様書」があります．つまり，自然言語で説明するのに加えて，シミュレーションの実行をすることにより，さまざまな注意点を浮き彫りにすることができます．Simulink モデルも同じプロジェクト・チーム内の人々にみせるものです．Simulink にコメントを付ける理由はプログラムコードにコメントを付ける意味と同じです．

7.7.1 コメントと式の入力

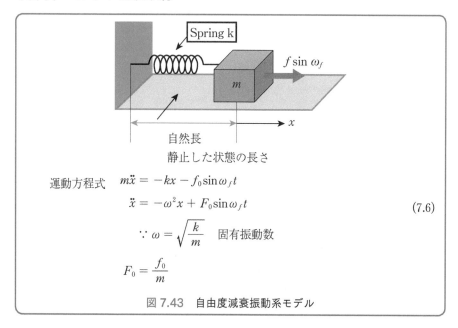

運動方程式 $\quad m\ddot{x} = -kx - f_0 \sin\omega_f t$

$$\ddot{x} = -\omega^2 x + F_0 \sin\omega_f t \tag{7.6}$$

$$\therefore \omega = \sqrt{\frac{k}{m}} \quad \text{固有振動数}$$

$$F_0 = \frac{f_0}{m}$$

図 7.43 自由度減衰振動系モデル

　たとえば，**図 7.43** に示すような調和振動系に対し強制振動を加えるとします．入力項があるので強制振動系の運動方程式は式 (7.6) に示すようになります．強制振動系式 (7.6) の解を $x = a\sin\omega_f t$ と仮定します．外力が加わった強制振動モデル（非斉次微分方程式）の解は，重ね合わせの法則

　　自由振動（同次微分方程式）の一般解
　　　　　　　　＋強制振動モデル（非斉次微分方程式）の特殊解

から

$$x = x_0 \cos\omega_0 t + \frac{v_0}{\omega_0}\sin\omega_0 t + \frac{F_0}{\omega_0^2 - \omega_f^2}\sin\omega_f t \tag{7.7}$$

となります．上記式 (7.7) から固有振動数と外力周波数が一致した場合，振幅が無限大になることがわかります．このことを共振現象と呼んでいます．

　これらのことを踏まえ，**図 7.43** の式 (7.6) の Simulink モデルを作成します．この Simulink モデルのコメントとして式 (7.7) を記載することを考えます．まず**図7.44**に示すようなコメントがない Simulink モデルを作成します．ここで2つの Integrator ブロックの初期値はともに 0（ゼロ）とします．モデル名として **HarmOscil.slx** とします．テスト用としてシミュレーション時間 20 s，質量 m = 20 kg，バネ係数 k = 20，外部強制力の周波数 1 rad/s，外部強制力の振幅 f = 1 とすると式 (7.7) から共振が発生します．シミュレーションの実行結果としては徐々に振動が大きくなります（**図 7.45**）．

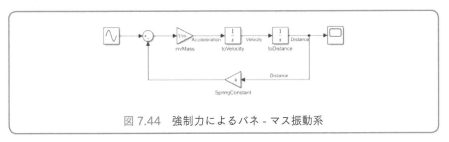

図 7.44　強制力によるバネ - マス振動系

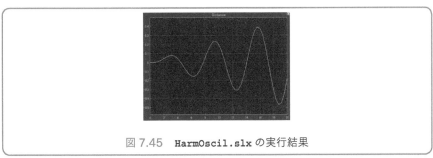

図 7.45　**HarmOscil.slx** の実行結果

このモデルのコメントとして

・表題
・モデル（ファイル）名
・数学モデル
・パラメーター値
・注意項目

などが考えられますが，これが絶対ではありません．ケースバイケースで考えていけばよいでしょう．

　基本的にコメントは Simulink エディターの空白の部分をダブルクリックするか，注釈アイコン を選択後，空白部分をクリックします．コメントが入力できたらエ

ンターキーを入力してコメントを確定します. いったん入力してあるコメントを編集
するにはコメントをクリックします. Iカーソルが出ますので, コメントの編集をす
ることができます. 編集が終わったら別の余白をクリックします. これでコメントの
編集モードから抜けます. コメントの編集中は, エンターキーは改行になるので編集
モードから抜けるわけではありません. またコメントのフォントサイズを変更するに
はコメントが選択されている状態でSimulinkエディターの「書式設定」内の「フォン
トと段落」からフォントサイズを指定します.

式の入力は注釈アイコンでコメントを入力する箇所をクリックした後, 注釈書式編
集ツールバー (**図7.46**) が表示されるので, その中のΣアイコンを選択します. 「式の
編集」ダイアログボックスが表示されるので式・方程式を入力することができます.
「式の編集」ダイアログボックスは上下2段構成になっており, 上段にLaTeXまたは
MathMLで式を入力します. 下段に入力したLaTeXまたはMathMLのプレビュー
が表示されます (**図7.47**).

図 7.46 注釈書式編集ツールバー

図 7.47 「式の編集」ダイアログボックス

表7.5に示すような式(7.6), 式(7.7)と共振する条件を入力します. 表では数行に
わたっていますが, LaTeXは1行に入力します (式コードで改行してもプレビューに

は影響を与えません）．LaTeX や MathML の文法に関してはネットや書籍に良著がありますので，そちらを参照してください．

表 7.5　**HarmOscil.slx** の式

プレビュー	式コード
Model: $m\dfrac{d^2x}{dt^2} = -kx + f_0\sin\omega_f t$	¥text{Model:}m¥frac{d^2x}{dt^2}=-kx+f_0¥sin¥omega_ft
Results: $x = x_0\cos\omega_0 t$ $+\dfrac{v_0}{\omega_0}\sin\omega_0 t$ $+\dfrac{F_0}{\omega_0^2 - \omega_f^2}\sin\omega_f t$	¥text{Results:} x=x_0¥cos¥omega_0t+¥frac{v_0}{¥omega_0}¥sin¥omega_0t+¥F_0{¥omega_0^2-¥omega_f^2}¥sin¥omega_ft
$\omega_0 = \omega_f$ この条件のときに系は共振状態になる	¥omega_0=¥omega_f¥text{ この条件のときに系は共振状態になる }

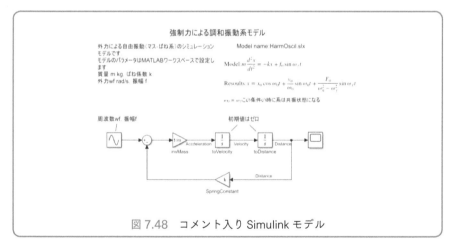

図 7.48　コメント入り Simulink モデル

7.7.2　ブロックに対するコメント

図 7.48 の図中の Sine Wave ブロックや 2 つの Integrator ブロックのように，あるブロックに対するコメントを入れたいときがあります．そのようなときははじめにコメントを入れます．入力したコメントが選択された状態でコメントの中央にマウスポインターを移動するとマウスポインターがプラス（＋）に変わります．この状態でラインを接続したいブロックまでドラッグします．これでコメントとブロックがつながります．

第8章
制御理論（古典制御）への適用
―システム設計にトライしてみよう―

古典制御論は伝達関数と呼ばれる線形の1入出力システムとして表された制御対象を中心に，周波数応答などを評価して望みの動きを達成する理論です．1950年代に体系化され，その中でも代表的なPID制御（Proportional-Integral-Derivative Controller, PID Controller）は，現在でも産業界において大きく貢献しています．

Simulinkではシステムのモデルを在来のブロック図に似たシンボルで表現し，シミュレーションすることができます．ここでは古典制御に的を絞って説明します．

8.1　基本要素の表現方法

Simulinkで作成したブロック線図をモデルに変換してコマンドウィンドウに呼び込み解析することができます．モデルには次の3つがあります．

- ・状態空間法
- ・多項式タイプの伝達関数
- ・因子分解タイプの伝達関数

ここでは古典制御を扱うので，多項式タイプの伝達関数を用います．多項式の係数の入力には **num,den** を使用します．num とは分子（numerator），den とは分母（denominator）を表します．

8.2　コマンドリファレンス

古典制御の応答特性を求めるコマンドとして主なものを**表8.1**に挙げます．

表 8.1　応答特性を求めるコマンド一覧

コマンド	機能
`step`	単位ステップ応答を計算しプロットする．
`impulse`	単位インパルス応答を計算しプロットする．
`nyquist`	ナイキスト周波数応答を計算しプロットする．
`bode`	ボード周波数応答を計算しプロットする．
`lsim`	任意の入力に対する連続システムのシミュレーションを行う．
`nichols`	ニコルス周波数応答を計算しプロットする．
`grid,ngrid`	グリッドラインを付ける．

MATLAB で伝達関数 $G(s) = \dfrac{s+2}{s^2+2s+3}$ を定義するには，分母，分子のそれぞれを多項式として入力します（**図8.1**）．多項式は次数の高い順に係数を並べた行ベクトルとして表現します．

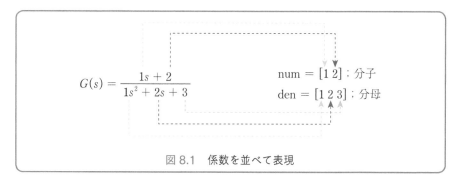

$$G(s) = \frac{1s+2}{1s^2+2s+3}$$

num = [1 2]：分子
den = [1 2 3]：分母

図 8.1 係数を並べて表現

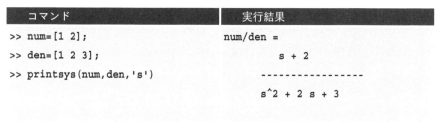

コマンド	実行結果

>> num=[1 2];
>> den=[1 2 3];
>> printsys(num,den,'s')
	num/den =
	    s + 2
	  ----------------- 	
	  s^2 + 2 s + 3

たとえば，ステップ応答を求めるには，以下のようにします．

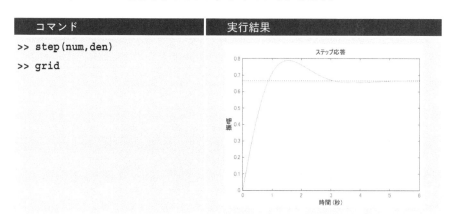

コマンド	実行結果
>> step(num,den) >> grid	

応答に対する時間の刻みは応答値の変化率に応じて自動的に変化します．ユーザ定義の任意時間刻み列 t に対応する応答は，**step(num,den,t)** になります．

step 関数の書式を**表 8.2** に示します．

表 8.2 `step` 関数の書式

書式	機能
`step(NUM,DEN)` `step(SYS)`	線形モデルのステップ応答を計算する. `step(SYS)` は, 線形モデル `SYS` のステップ応答をプロットする. 時間範囲と計算点数は, 自動的に選択される.
`step(NUM,DEN,TFINAL)` `step(SYS,TFINAL)`	$t - 0$ から, 最終時間 $t = $ `TFINAL` までのステップ応答をシミュレーションする. サンプル時間を設定していない離散時間モデルに対して, `TFINAL` はサンプル数として扱われる.
`step(NUM,DEN,T)` `step(SYS,T)`	シミュレーションにユーザ指定の時間ベクトル T を用いる. ステップ入力は, 常に $t = 0$ で立ち上がると仮定される.
`step(SYS1,SYS2,...,T)`	複数の線形モデル `SYS1,SYS2,` … のステップ応答を 1 つのプロットに表示する. 時間ベクトル T はオプション. 次のようにして, カラー, ラインスタイル, マーカーを指定することもできる. 　　`step(sys1,'r',sys2,'y--',sys3,'gx')`.

表 8.3 `tf` 関数の書式

書式	機能
`sys=tf(NUM,DEN)`	伝達関数の作成または伝達関数への変換を行う. `sys=tf(NUM,DEN)` は, 分子多項式の係数が `NUM` で, 分母多項式の係数が `DEN` の連続時間の伝達関数 `sys` を作成する. 結果の `sys` は, `tf` モデルオブジェクトである.

`step` 関数を用いた例を次に示します.

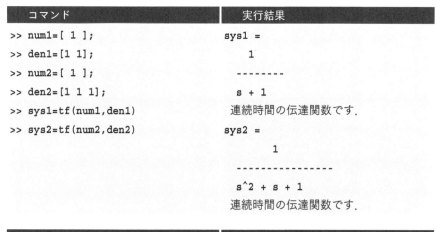

コマンド	実行結果

`>> num1=[ 1 ];`
`>> den1=[1 1];`
`>> num2=[ 1 ];`
`>> den2=[1 1 1];`
`>> sys1=tf(num1,den1)`
`>> sys2=tf(num2,den2)`
	`sys1 =`
	
	`    1`
	`  --------`
	`  s + 1`
	連続時間の伝達関数です．
	`sys2 =`
	
	`        1`
	`  ----------------`
	`  s^2 + s + 1`
	連続時間の伝達関数です．

コマンド	実行結果
`>> step(sys1,'r',sys2,'g+');grid`	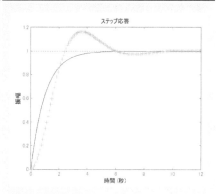

8.3 過渡応答（インディシャル応答）特性

　過渡応答とは，入力がある定常状態から他の定常状態に変化したときの応答をいい，入力が $a = 1$ の単位ステップ関数を加えたときの過渡応答をインディシャル応答と呼びます（**図8.2**）．つまり、インディシャル応答は大きさが1のステップ応答のことです．

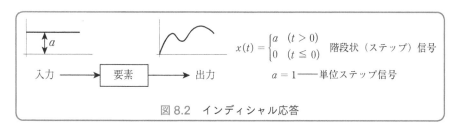

$$x(t) = \begin{cases} a & (t > 0) \\ 0 & (t \leq 0) \end{cases} \quad 階段状（ステップ）信号$$

$a = 1$——単位ステップ信号

図 8.2　インディシャル応答

　MATLAB および Simulink を用いて，積分要素，1次遅れ要素，2次遅れ要素についてインディシャル応答を調べます．

例 8.1（積分要素）

$G(s) = \dfrac{1}{s}$ のインディシャル応答を求めます．

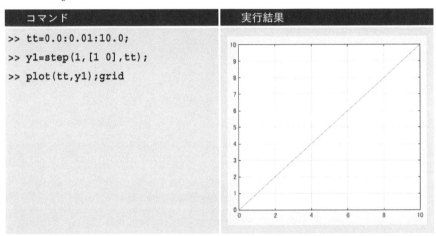

コマンド	実行結果

`>> tt=0.0:0.01:10.0;`
`>> y1=step(1,[1 0],tt);`
`>> plot(tt,y1);grid`	

例 8.1 の別の解き方を2通り紹介します．

別解 1

　Simulink ブラウザを開き，**図 8.3** のようなブロック線図を作成します．

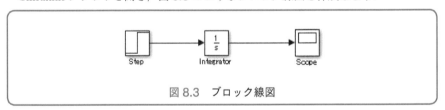

図 8.3　ブロック線図

　メニューバーよりモデル化／モデル設定 ⚙ を選び，**図 8.4** に示すように設定します．次に Step 出力を設定し，実行ボタン ▶ をクリックします．Scope をダブルクリックし波形を確認します．

　表 8.4 に Step と Scope の設定と内容をまとめておきます．

図 8.4　コンフィギュレーションパラメーター

表 8.4　Step と Scope の設定と内容

ブロック名	設定	内容
Step	ステップを出力します。 パラメーター ステップ時間: 0 初期値 0 最終値: 1 サンプル時間: 0	ステップ信号を出力します.
Scope	メイン　時間　表示　ログ □ シミュレーション開始時に開く □ 絶対パスを表示 入力端子の数　1　　レイアウト サンプル時間　-1 入力処理　チャネルとしての要素 (サンプル ベース)　▼ 座標軸の最大化　オフ 座標軸のスケーリング　手動　　　▼ 設定... 　OK(O)　キャンセル(C)　適用(A)	各シミュレーション時間に入力された値をグラフで表示します. クリックしパラメーター設定を行う

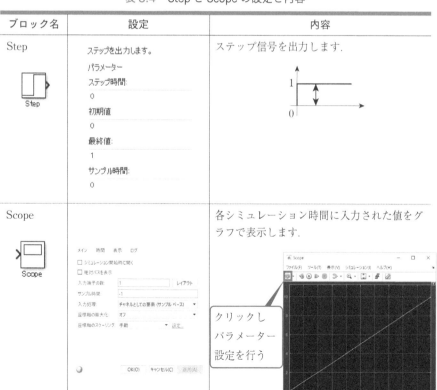

別解 2

Simulink ブラウザを開き，**図 8.5** のようなモデルを作成します．ここでは，モデル名として **ex1.slx** と名前を付けて保存します．

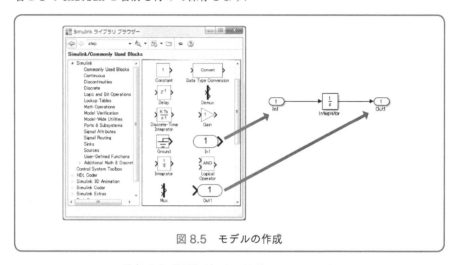

図 8.5　モデルの作成

Simulink モデルの保存形式 (拡張子) は，以前は mdl でしたが，MATLAB2012b から slx がデフォルトとなりました．

MATLAB 上で以下のコマンドを入力します．

コマンド	実行結果
```\n>> [num,den]=linmod('ex1');\n>> step(num,den);grid\n```	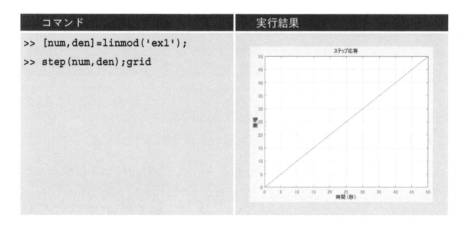

表 8.5　Inport と Outport

ブロック名	内容
Inport	サブシステムまたは外部入力に対する入力端子を作成する. システム外部からシステム内部へのリンク.
Outport	サブシステムまたは外部出力のための出力端子を作成する. システム内部からシステム外部へのリンク.

表 8.6　`linmod` 関数の書式

書式	機能
`[num,den]=linmod('モデル名')`	連立常微分方程式 (ode) から線形モデルを取得する. 1 入力 1 出力モデルに限り，出力引数を 2 つとっていると ss2tf(Control System Toolbox の関数) を用いて伝達関数に変換して出力される. `[A,B,C,D] = linmod('SYS')` は，状態変数と入力がデフォルトに設定されたとき，ブロック線図 'SYS' に記述された連立常微分方程式の状態空間線形モデルを取得する.

練習してみましょう.

例 8.2（1 次遅れの比例要素）

$G(s) = \dfrac{1}{s+1}$ のインディシャル応答を図示しましょう.

ブロック線図	実行結果

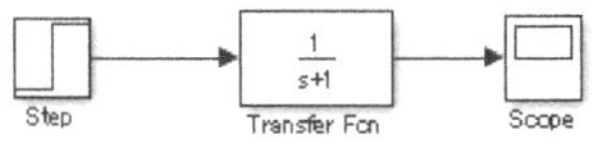

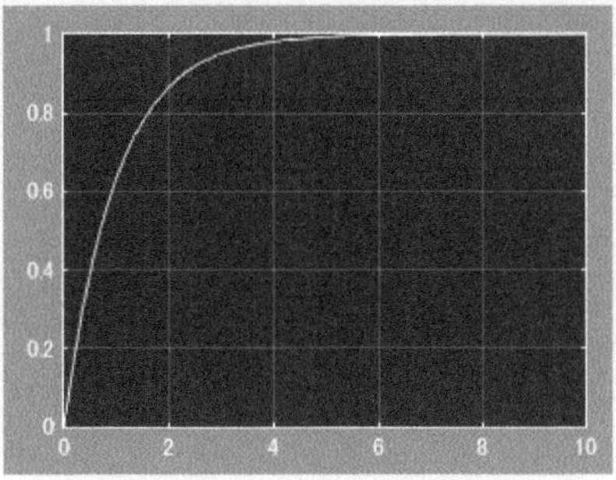

例 8.3（1 次遅れの微分要素）

$G(s) = \dfrac{0.2s}{0.2s+1}$ のインディシャル応答を図示しましょう.

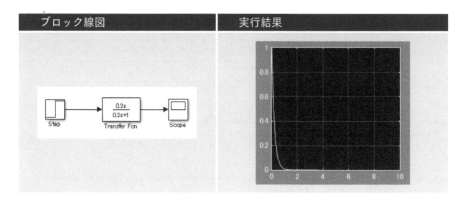

例 8.4 （2 次遅れ要素　その 1）

$G(s) = \dfrac{1}{s^2 + 0.2s + 1}$ のインディシャル応答を図示しましょう.

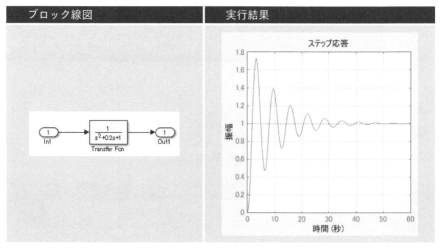

例 8.5 （2 次遅れ要素　その 2）

$G(s) = \dfrac{1}{s^2 + 2s + 1}$ のインディシャル応答を図示しましょう.

ブロック線図	実行結果

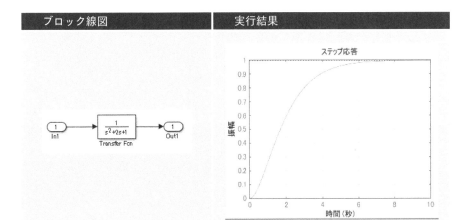

例 8.6（2 次遅れ要素　その 3）

$G(s) = \dfrac{1}{s^2 + 1}$ のインディシャル応答を図示しましょう．

ブロック線図	実行結果

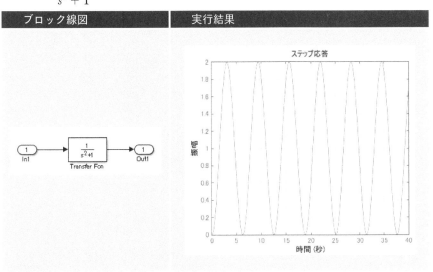

例 8.7（2 次遅れ要素　その 4）

$G(s) = \dfrac{\omega_n^2}{s^2 + 2\zeta\omega_n s + \omega_n^2}$ のインディシャル応答を図示しましょう．

ここで ζ：減衰率，ω_n：固有振動数（固有角周波数）

　$\omega_n = 1$，$\zeta = 0.1 \sim 1.1$ として実行します．

　　$\zeta > 1$ のとき　　振動しない．（過制動）

ζ＝1のとき 振動するかしないかの限界（臨界制動）

0＜ζ＜1のとき 減衰振動（不足制動）

ζ＝0のとき 持続振動

ζ＜0のとき 発散振動（時間とともに振幅大）

となります.

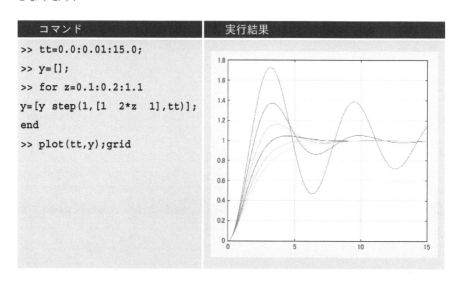

コマンド	実行結果

``
>> tt=0.0:0.01:15.0;
>> y=[];
>> for z=0.1:0.2:1.1
y=[y step(1,[1 2*z 1],tt)];
end
>> plot(tt,y);grid
``	

8.4 周波数応答特性

入力信号が正弦波の場合に，入力信号を与えて十分時間が経過した定常状態における出力信号を周波数応答といいます.

線形要素の入力信号が正弦波のときには，出力信号は，入力信号と同一周波数の正弦波となります. すなわち，入力信号を $x(t) = A_i \sin\omega t = A_i \sin 2\pi f t$ とすると，出力信号は $y(t) = A_o \sin(\omega t + \theta) = A_o \sin(2\pi f t + \theta)$ となります. ここで，A_i, A_o：振幅，ω：角周波数 [rad/s], f：周波数 [Hz], θ：位相 [rad], t：時間 [s] とします.

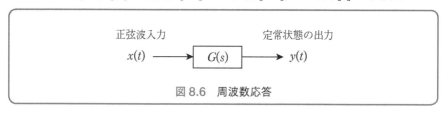

正弦波入力 定常状態の出力

$x(t) \longrightarrow \boxed{G(s)} \longrightarrow y(t)$

図8.6 周波数応答

よって着目点として

ゲイン（振幅比）$= \dfrac{\text{出力の振幅}}{\text{入力の振幅}} = \dfrac{A_\mathrm{o}}{A_\mathrm{i}}$ と位相 θ の 2 つが挙げられます.

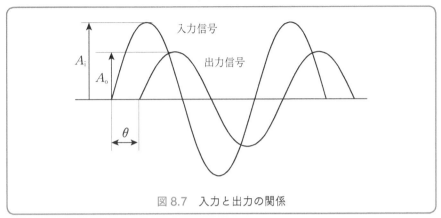

図 8.7　入力と出力の関係

　伝達関数 $G(s)$ の s を $j\omega$ と置き換えた関数 $G(j\omega)$ を周波数伝達関数といいます. この $G(j\omega)$ の絶対値 $|G(j\omega)|$ がゲイン（振幅比）に, $G(j\omega)$ の偏角 $\angle\, G(j\omega)$ が位相 θ にそれぞれ等しくなります. すなわち

　　ゲイン（振幅比）$=$ 出力の振幅 / 入力の振幅 $= \dfrac{A_\mathrm{o}}{A_\mathrm{i}} = |\, G(j\omega)\,|$

　　位相 $\theta = \angle\, G(j\omega)$

です.

　よって周波数応答を求める, つまりゲインと位相 θ を求めるには, 周波数伝達関数 $G(j\omega)$ の絶対値 $|G(j\omega)|$ と偏角 $\angle\, G(j\omega)$ を求めればよいということになります.

　周波数応答特性の図示として, ナイキスト（Nyquist）線図とボード（Bode）線図があります.

　周波数伝達関数 $G(j\omega)$ の実部を横軸に, 虚部を縦軸にとる極座標系において, 角周波数 ω を 0 から ∞ まで変化させた軌跡をナイキスト線図といいます.

　もう一方のボード線図とは, ゲイン対角周波数の関係と位相対角周波数の関係をそれぞれ直交座標上に表し, 一組としたものです. 角周波数は横軸に対数目盛で示され, ゲインは dB の単位で示されます（$20\log_{10}|G(j\omega)|[\mathrm{dB}]$）.

　MATLAB および Simulink を用いて, 積分要素, 1 次遅れ要素, 2 次遅れ要素について周波数応答を調べます.

例 8.8（積分要素）

　$G(s) = \dfrac{1}{s}$ の周波数応答を求めます（モデル名を **ex1.slx** とします）. Simulink ブ

ラウザを開き，**図 8.5** のようなモデルを作成しコマンドを入力します．

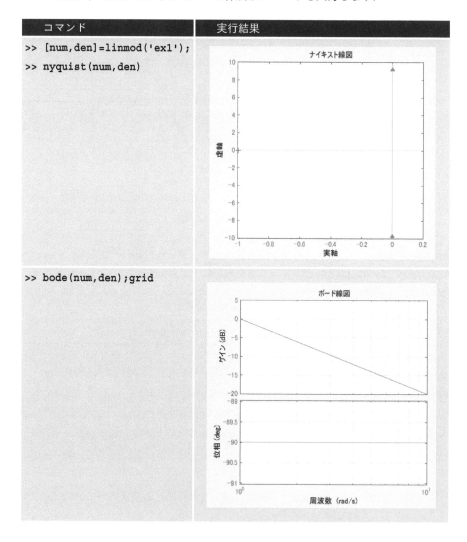

表 8.7 nyquist 関数の書式

書式	機能
nyquist(NUM,DEN) nyquist(SYS)	nyquist は，線形モデルのナイキスト線図をプロットする．角周波数域と点数は，自動的に選択される．
nyquist(NUM,DEN,{WMIN,WMAX}) nyquist(SYS,{WMIN,WMAX})	WMIN から WMAX までの角周波数域 [rad/s] に対して，ナイキスト線図をプロットする．
nyquist(NUM,DEN,W) nyquist(SYS,W)	ユーザが単位 rad/s で指定した周波数ベクトル W を利用して，その点でナイキスト線図がプロットされる．
nyquist(SYS1,SYS2,...,W)	複数の線形モデル SYS1,SYS2,... を 1 つのプロットにする．周波数ベクトル W はオプションである．次のように，カラー，ラインスタイル，マーカーを設定することもできる． nyquist(sys1,'r',sys2,'y--',sys3,'gx')

表 8.8 bode 関数の書式

書式	機能
bode(NUM,DEN) bode(SYS)	bode は，線形モデルのボード線図をプロットする．角周波数域や応答を計算する点数は自動的に選択される．
bode(NUM,DEN,{WMIN,WMAX}) bode(SYS,{WMIN,WMAX})	WMIN から WMAX までの角周波数域 [rad/s] に対して，ボード線図をプロットする．
bode(NUM,DEN,W) bode(SYS,W)	ユーザが単位 rad/s で指定した周波数ベクトル W を利用して，その点でボード線図がプロットされる．
bode(SYS1,SYS2,...,W)	複数の線形モデル SYS1,SYS2,... のボード線図を 1 つのプロットにする．周波数ベクトル W はオプションである．次のように，カラー，ラインスタイル，マーカーを各システムごとに指定することもできる． bode(sys1,'r',sys2,'y--',sys3,'gx')

例 8.9〜例 8.13 で，要素に対して周波数応答特性を求める練習をしてみましょう．

例8.9 （1 次遅れの比例要素）

$G(s) = \dfrac{1}{s+1}$ の周波数応答を求めましょう．

実行結果

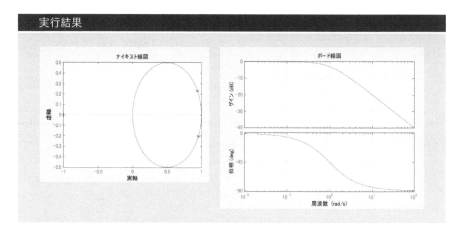

例 8.10 （1 次遅れの微分要素）

$$G(s) = \frac{0.2s}{1 + 0.2s} \text{ の周波数応答を求めましょう．}$$

実行結果

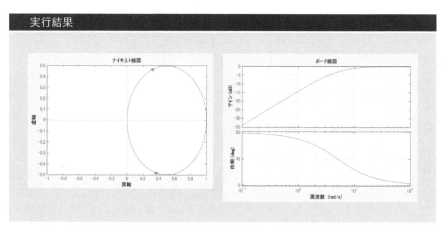

例 8.11 （2 次遅れ要素　その 1）

$$G(s) = \frac{1}{s^2 + 0.2s + 1} \text{ の周波数応答を求めましょう．}$$

実行結果

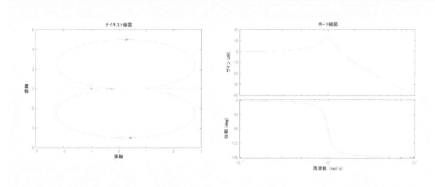

例8.12 （2 次遅れ要素　その2）

$G(s) = \dfrac{1}{s^2 + 3s + 1}$ の周波数応答を求めましょう.

実行結果

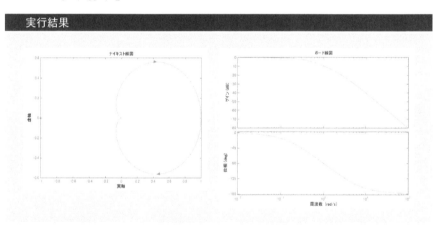

例8.13 （高次系要素）

$G(s) = \dfrac{30}{s(0.1s + 1)(0.5s + 1)}$ についてボード線図を描きましょう.

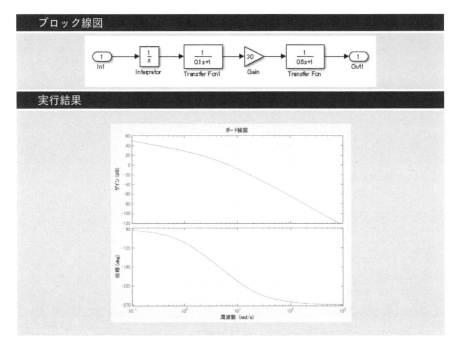

次にシステムの安定判別の例を考えます.

例8.14（安定判別　その 1 ）

図 8.8 に示すシステムの安定判別を行いましょう.

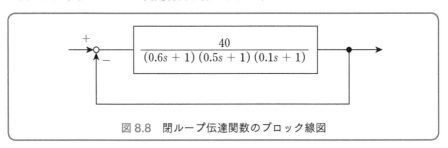

$$\frac{40}{(0.6s + 1)(0.5s + 1)(0.1s + 1)}$$

図 8.8　閉ループ伝達関数のブロック線図

Simulink を用いて一巡伝達関数のブロック線図を描き（**図 8.9**），MATLAB 上でナイキスト線図またはボード線図から，ゲイン余裕・位相余裕を求めて安定性を判断します（モデル名：`ex2.slx`）.

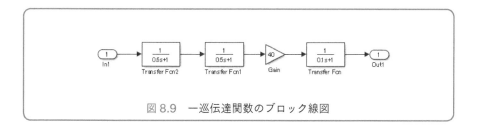

図 8.9 一巡伝達関数のブロック線図

コマンド

```
>> [num,den]=linmod('ex2')
>> nyquist(num,den)
>> bode(num,den);grid
>> [Gm,Pm,Wcg,Wcp]=margin(num,den)
>> Gm_dB=20*log10(Gm)
```

実行結果

```
num =
   1.0e+03 *
        0        0        0   1.3333
den =
   1.0000   13.6667   40.0000   33.3333
```

警告 : 閉ループ システムは不安定です.

```
Gm = 0.3850      ;ゲイン余裕
Pm = -22.3508    ;位相余裕
Wcg = 6.3247     ;位相交差周波数
Wcp = 9.6266     ;ゲイン交差周波数
Gm_dB = -8.2904  ;単位 dB
```

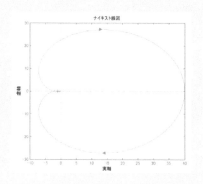

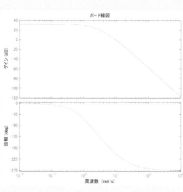

表 8.9 **margin** 関数の書式

書式	機能
`[Gm,Pm,Wcg,Wcp] = margin(SYS)`	**margin** は，ゲイン余裕・位相余裕とゲイン交差周波数・位相交差周波数を出力する. `[Gm,Pm,Wcg,Wcp] = margin(SYS)` は，開ループ線形モデル **SYS** のゲイン余裕 **Gm** と位相余裕 **Pm**，そして，関連する位相交差周波数 **Wcg** とゲイン交差周波数 **Wcp** を計算する. ゲイン余裕 **Gm** は $1/G$ として定義され，ここで，G は位相が $-180°$ と交差するときのゲインである. 位相余裕 **Pm** はゲインが 1.0（0 dB）になったときに位相遅れが 180° までどの程度余裕があるかを表すものである. 位相遅れが 180° になるときの周波数を位相交差周波数，ゲインが 1.0（0 dB）の周波数をゲイン交差周波数と呼ぶ. dB 単位で表したゲイン余裕は，次の関係から導かれる. `Gm_dB = 20*log10(Gm)`

例 8.15（安定判別　その 2）

図 8.10 で表される制御系において

① $K = 30$ および $K = 3$ の場合についてシステムの安定判別を行いましょう.

② $K = 3$ のときのインディシャル応答を求めてみましょう.

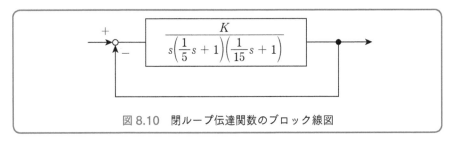

図 8.10　閉ループ伝達関数のブロック線図

① $K = 30$ の場合

一巡伝達関数は，**図 8.11** のようになります（モデル名：**ex3.slx**）.

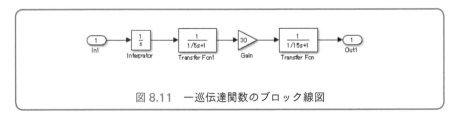

図 8.11　一巡伝達関数のブロック線図

コマンド

```
>> [num,den]=linmod('ex3')
>> sys=tf(num,den)
>> bode(sys);grid
>> [Gm,Pm,Wcg,Wcp]=margin(sys)
>> Gm_dB=20*log10(Gm)
```

実行結果

```
num =
          0      0      0    2250
den =
      1     20     75      0
sys =
                2250
     ----------------------
     s^3 + 20 s^2 + 75 s
```

連続時間の伝達関数です.
警告：閉ループ システムは不安定です.

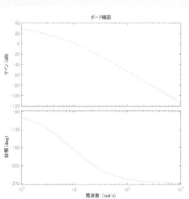

```
Gm = 0.6667       ；ゲイン余裕
Pm = -9.6664      ；位相余裕
Wcg = 8.6603      ；位相交差周波数
Wcp = 10.5295     ；ゲイン交差周波数
Gm_dB = -3.5218   ；単位 dB
```

② $K = 3$ の場合

一巡伝達関数は，**図8.12** のようになります（モデル名：**ex4.slx**）.

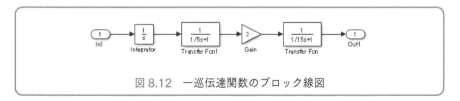

図 8.12　一巡伝達関数のブロック線図

```
コマンド
>> [num,den]=linmod('ex4')
>> sys=tf(num,den)
>> bode(sys);grid
>> [Gm,Pm,Wcg,Wcp]=margin(sys)
>> Gm_dB=20*log10(Gm)
```

```
実行結果
num =

        0     0     0   225

den =

   1    20    75     0

sys =

          225
   -------------------------
    s^3 + 20 s^2 + 75 s
連続時間の伝達関数です.


Gm = 6.6667      ;ゲイン余裕
Pm = 52.4617     ;位相余裕
Wcg = 8.6603     ;位相交差周波数
Wcp = 2.6181     ;ゲイン交差周波数
Gm_dB = 16.4782 ;単位 dB  (Gm>0
よって閉ループシステムは安定です)
```

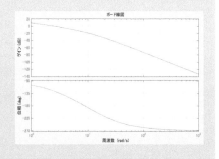

次に $K = 3$ の場合の閉ループ伝達関数のステップ応答を調べます (**図8.13**, モデル名: **ex5.slx**).

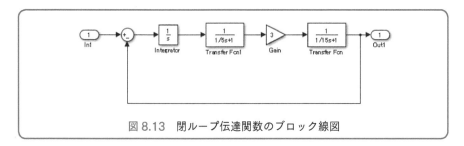

図 8.13　閉ループ伝達関数のブロック線図

```
コマンド
>> [num,den]=linmod('ex5')
>> step(num,den);grid
```

```
実行結果
```

(1) $K = 3$ のとき

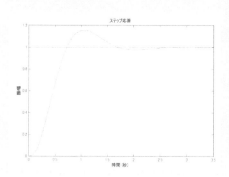

(2) $K = 30$ のとき

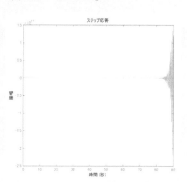

例8.16（ニコルス線図による周波数応答）

ニコルス線図を用いて，**図8.14**のフィードバック制御系について R から C までの周波数応答を求めます．

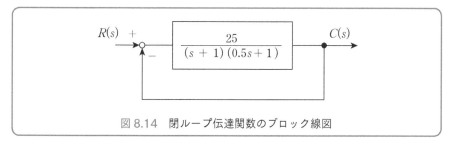

図 8.14　閉ループ伝達関数のブロック線図

ニコルス線図は，ボード線図と異なり，ゲインと位相の情報をまとめて描くことができます．ニコルス線図上に開ループ伝達関数の周波数応答を描くことができれば，閉ループ伝達関数のゲインと位相差が読み取れます．つまり，ニコルス線図を用いると，開ループ周波数応答から閉ループ周波数応答を求めることができます．

では，例 8.16 を考えていきましょう．

一巡伝達関数は，**図 8.15** のようになります（モデル名：**ex6.slx**）．

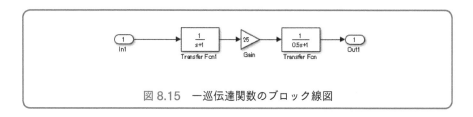

図 8.15　一巡伝達関数のブロック線図

```
>> [num,den]=linmod('ex6')
>> nichols(num,den)
>> ngrid
```

実行結果

```
num =
      0    0    50
den =
      1    3    2
```

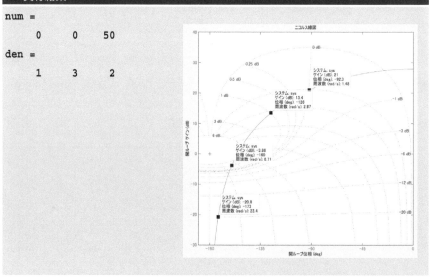

グラフより

$\omega = 1.48$ rad/s のとき ゲイン 0 dB

$\omega = 2.87$ rad/s のとき ゲイン 1 dB

$\omega = 6.89$ rad/s のとき ゲイン 7.47 dB

$\omega = 8.71$ rad/s のとき ゲイン 3 dB

$\omega = 23.4$ rad/s のとき ゲイン -20 dB

が読み取れます.

　閉ループ周波数応答を直接，求めてみましょう.

閉ループ伝達関数は，**図 8.16** のようになります（モデル名：`ex7.slx`）.

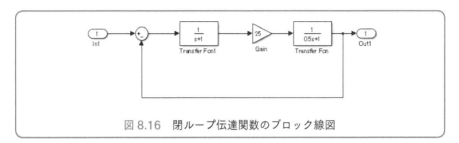

図 8.16　閉ループ伝達関数のブロック線図

```
>> [num,den]=linmod('ex7')
>> bode(num,den);grid
```

```
num =

     0     0    50

den =

    1.0000    3.0000   52.0000
```

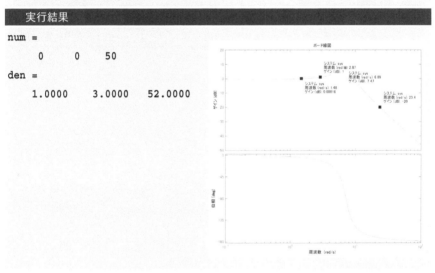

表8.10　`nichols` 関数の書式

書式	機能
`nichols(NUM,DEN)` `nichols(SYS)`	`nichols` は，線形モデルのニコルス線図をプロットする．周波数域と点数は自動的に選ばれる．
`nichols(NUM,DEN,{WMIN,WMAX})` `nichols(SYS,{WMIN,WMAX})`	`WMIN` から `WMAX` までの周波数域 [rad/s] に対してニコルス線図を描く．
`nichols(NUM,DEN,W)` `nichols(SYS,W)`	ユーザが単位 rad/s で指定した周波数ベクトル `W` を利用して，その点でニコルス線図をプロットする．
`nichols(SYS1,SYS2,...,W)`	複数の線形モデル `SYS1`, `SYS2`, ...のニコルス線図を1つのプロットにする．周波数ベクトル `W` はオプションである．次のようにカラー，ラインスタイル，マーカーを各システムごとに指定することができる． `nichols(sys1,'r',sys2,'y--',sys3,'gx')`

8.5　根軌跡法

根軌跡法とは，制御系のゲインのパラメーターを連続的に変化させたときに特性方程式の根がどのように動くかを調べ，系の安定判別と安定限界を知る方法です．ここでは，例題を用いて説明します．

例8.17（根軌跡法　その1）

次の一巡伝達関数において，ゲイン K を 0 から ∞ まで変化させたときの根が s 平面上に描く軌跡を作図しましょう．

(1)　$G(s) = \dfrac{K}{s(s+1)(s+4)}$

(2)　$G_0(s) = \dfrac{K(s+1)}{s^2 + 3s + 3.25}$

ここで用いる `rlocus` 関数の書式は，**表8.11** に示します．

表8.11　`rlocus` 関数の書式

書式	機能
`rlocus(num,den)` `rlocus(sys)`	1入力1出力の線形モデル `sys` の根軌跡を求めてプロットする．根軌跡プロットは，負のフィードバックループを解析するために利用される．

(1) $G(s) = \dfrac{K}{s(s+1)(s+4)}$ を計算します.

コマンド	実行結果

`>> num=[1];`
`>> den=[1 5 4 0];`
`>> rlocus(num,den)`
	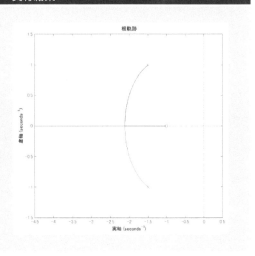

この曲線について,

極：$P_1 = 0$, $P_2 = -1$, $P_3 = -4$

です.

続いて

(2) $G_0(s) = \dfrac{K(s+1)}{s^2 + 3s + 3.25}$ を計算します.

コマンド	実行結果

`>> num=[1 1];`
`>> den=[1 3 3.25];`
`>> rlocus(num,den)`	

この曲線については

極：$P_{1,2} = -1.5 \pm j$

零点：$Z_1 = -1$

です.

次の例8.18，8.19を用いて練習してみましょう.

例8.18（根軌跡法　その2）

次の一巡伝達関数において，ゲインKを0から∞まで変化させたときの根がs平面上に描く軌跡を描きましょう.

$$G(s) = \frac{K(s+3)}{(s+1)(s+2)}$$

コマンド	実行結果

`>> num=[1 3];`
`>> den=[1 3 2];`
`>> rlocus(num,den)`
	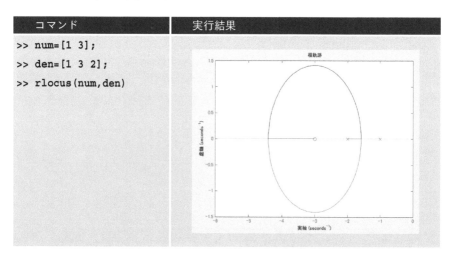

この曲線については

極：$P_1 = -1, P_2 = -2$

零点：$Z_1 = -3$

です.

例8.19（根軌跡法　その3）

フィードバック制御系の特性方程式$1 + G(s)H(s) = 0$における一巡伝達関数が次式で与えられているとします．ただし，Kは制御装置のゲイン定数とします．根軌跡を描きましょう.

$$G(s)H(s) = \frac{K}{s(s^2 + 4s + 5)}$$

コマンド	実行結果

```
>> num=[1];
>> den=[1 4 5 0];
>> rlocus(num,den)
```

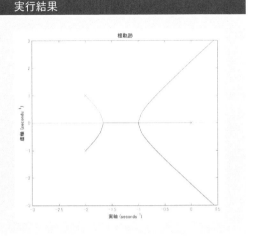

この曲線では

極：$P_1 = 0, P_{2,3} = -2 \pm j$

です.

8.6 電気回路への応用

RLC の電気回路を用いて具体的に 1 次遅れ要素，2 次遅れ要素について過渡応答，周波数応答を調べます.

8.6.1 1 次遅れ要素

図 8.17 に示す RC 回路において，入力電圧 $x(t)$，出力電圧 $y(t)$ とすると

$$x(t) - y(t) = Ri(t)$$
$$i(t) = C\frac{dy(t)}{dt} \tag{8.1}$$

式（8.1）より，電流 $i(t)$ を消去すると

$$x(t) - y(t) = CR\frac{dy(t)}{dt}$$
$$T\frac{dy(t)}{dt} + y(t) = x(t) \qquad (T = CR) \tag{8.2}$$

となります.

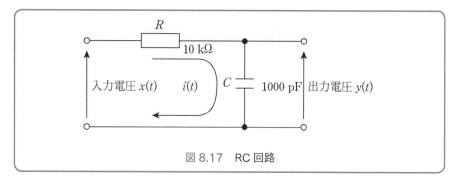

図 8.17 RC 回路

ラプラス変換すると

$$TsY(s) + Y(s) = X(s)$$

$$G(s) = \frac{Y(s)}{X(s)} = \frac{1}{1 + Ts}$$

$$= \frac{1}{1 + 10 \cdot 10^3 \cdot 10^3 \cdot 10^{-12}s}$$

$$= \frac{1}{1 + 10 \cdot 10^{-6}s}$$

$$= \frac{1}{10^{-5}s + 1} \tag{8.3}$$

と計算できます．

Simulink を用いてブロック線図を描くと**図 8.18** のようになります（モデル名：**ex8.slx**）．

次にインディシャル応答と周波数応答を求めます．

$t = 10\,\mu\text{s}$ のとき，出力 $y(t)$ は 63.2% です．折点角周波数は $10^5\,\text{rad/s}$ となり，そのときのゲインは $-3\,\text{dB}$，位相は $-45°$ となっています．

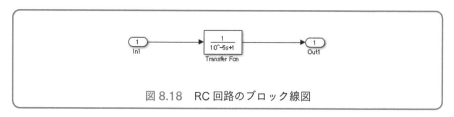

図 8.18 RC 回路のブロック線図

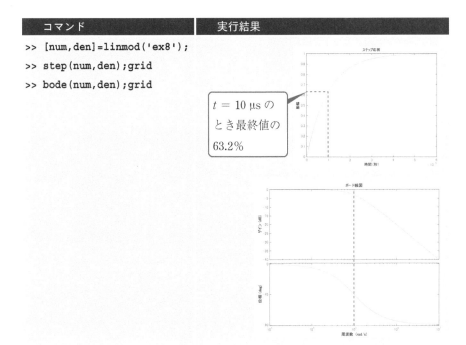

コマンド	実行結果

```
>> [num,den]=linmod('ex8');
>> step(num,den);grid
>> bode(num,den);grid
```

$t = 10\ \mu s\ の$
とき最終値の
63.2%

8.6.2 2次遅れ要素

図 8.19 に示す RLC 回路において，入力電圧 $v_i(t)$，出力電圧 $v_o(t)$ とすると

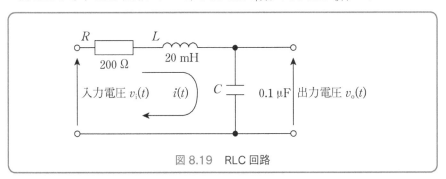

図 8.19 RLC 回路

$$Ri(t) + L\frac{di(t)}{dt} + \frac{1}{C}\int_0^t i(t)\,dt = v_i(t) \tag{8.4}$$

が成り立ちます．ラプラス変換を用いて書き換えると

$$RI(s) + LsI(s) + \frac{1}{Cs}I(s) = V_{\mathrm{i}}(s)$$

$$\left(R + Ls + \frac{1}{Cs}\right)I(s) = V_{\mathrm{i}}(s)$$

となります．これから

$$\frac{I(s)}{V_{\mathrm{i}}(s)} = \frac{1}{R + Ls + \dfrac{1}{Cs}} = \frac{\dfrac{1}{L}s}{s^2 + \dfrac{R}{L}s + \dfrac{1}{LC}} \tag{8.5}$$

を導くことができます．

コンデンサにかかる電圧 $V_{\mathrm{o}}(s)$ は $\dfrac{1}{Cs}I(s)$ となるので，求める伝達関数は式（8.6）のようになります．

$$
\begin{aligned}
G(s) = \frac{V_{\mathrm{o}}(s)}{V_{\mathrm{i}}(s)} &= \frac{\dfrac{1}{LC}}{s^2 + \dfrac{R}{L}s + \dfrac{1}{LC}} \\
&= \frac{\dfrac{1}{20 \cdot 10^{-3} \cdot 0.1 \cdot 10^{-6}}}{s^2 + \dfrac{200}{20 \cdot 10^{-3}}s + \dfrac{1}{20 \cdot 10^{-3} \cdot 0.1 \cdot 10^{-6}}} \\
&= \frac{5 \cdot 10^8}{s^2 + 10^4 s + 5 \cdot 10^8}
\end{aligned}
\tag{8.6}
$$

Simulink を用いてブロック線図を描くと**図8.20**のようになります（モデル名：**ex9.slx**）．

これをもとに，インディシャル応答と周波数応答を求めます．

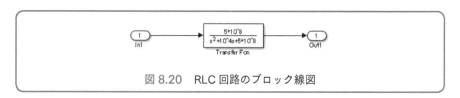

図8.20　RLC回路のブロック線図

コマンド	実行結果

`>> [num,den]=linmod('ex9');`
`>> step(num,den);grid`
`>> bode(num,den);grid`
	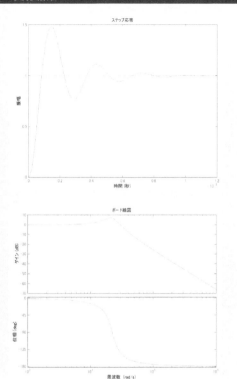

8.7 PID 制御

　温度制御をはじめとした各種制御に用いられる一般的な制御方式として PID 制御があります．PID 制御は，フィードバック制御の一種であり，入力値の制御を出力値と目標値との偏差，その積分および微分の3つの要素によって行う方法のことです．PID 制御の基本式は式（8.7）のように表され，現在の偏差 e に比例した修正量を出す比例動作（Proportional Action：P 動作）と，過去の偏差の累積値に比例した修正量を出す積分動作（Integral Action：I 動作）と，偏差 e が増加しつつあるか減少しつつあるか，その傾向の大きさに比例した修正量を出す微分動作（Derivative Action：D 動作）との3つを加算合成したものです（図8.21）．表8.12 に PID 動作の特徴を示します．

$$y(t) = K_p e(t) + K_i \int_0^t e(t)\,dt + K_d \frac{de(t)}{dt} \tag{8.7}$$

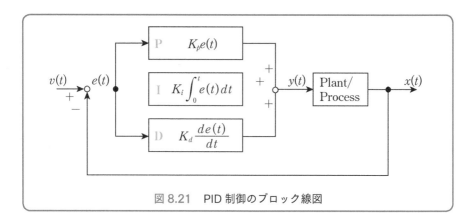

図 8.21　PID 制御のブロック線図

表 8.12　PID 動作の特徴

動作	特　徴
P 動作	現在の偏差に応じた操作量を算出する．定常偏差が残る．値が大きいほど応答性が向上する．
I 動作	過去の偏差を積分した値に応じた操作量を算出する．定常偏差を 0 にする．値が小さいほどオーバーシュートが小さくなり速応性が低下する．
D 動作	偏差の微分値に対して操作量を算出する．偏差の変化を抑えるように働くため，振動を抑えることにつながる．値が大きいほど速応性が向上する．

例8.20（PID 制御による設計）

図 **8.22** に示すような 2 次系のプラントに対して，PID 制御を用いて設計しましょう．

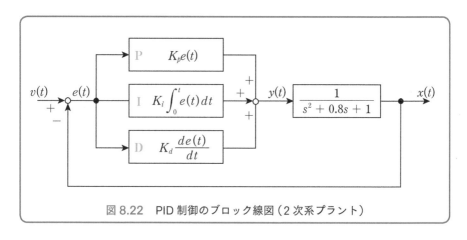

図 8.22　PID 制御のブロック線図（2 次系プラント）

Simulink ブラウザを開き，**図 8.23** のようなブロック線図を作成します．

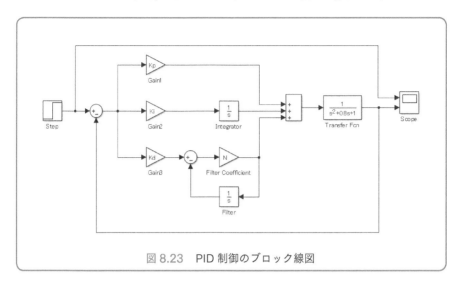

図 8.23　PID 制御のブロック線図

MATLAB 上で各定数を入力します．

7.3.2 項と同様に，ブロックを加工します．Sum ブロックの設定を**図 8.24** のように
変更して，**図 8.25** のようなブロックとします．

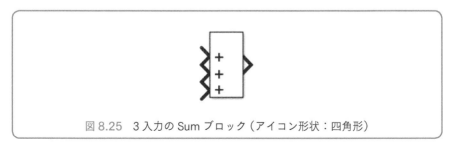

図 8.24　Sum ブロックの設定

図 8.25　3 入力の Sum ブロック（アイコン形状：四角形）

コマンド	実行結果
>>Kp=1.2; >>Ki=1.0; >>Kd=0.3; >>N=100;	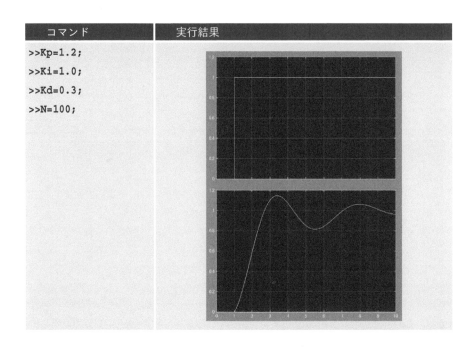

Simulink メニューバーよりモデル化／モデル設定 を選び，終了時間10s と設定し，実行ボタン をクリックします．Scope をダブルクリックし波形を確認します．各ゲイン Kp，Ki，Kd をいろいろ変えて確認してみましょう．

実行結果

(1) Kp＝2.0 Ki＝0 Kd＝0 の場合

(2) Kp＝1.2 Ki＝1.0 Kd＝0 の場合

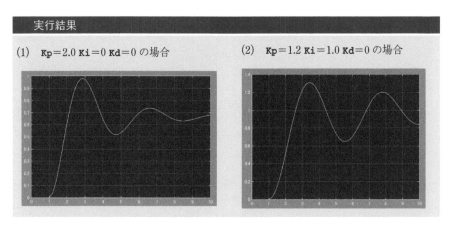

例8.20は別の方法でも考えられますので，別解として述べておきます．Simulink ブラウザを開き，**図8.26** のようなブロック線図を作成します．

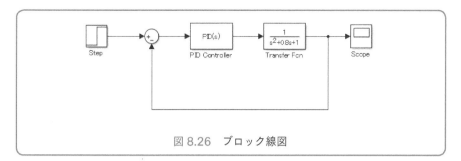

図 8.26　ブロック線図

PID Controller (**表8.13**) をダブルクリックしメインタブを開き, 比例項(**P**),積分項
(**I**), 微分項(**D**) を設定します. それぞれの値は, **Kp, Ki, Kd** に相当します(**図8.27**).

表 8.13　PID Controller

ブロック名	内容
PID Controller PID(s) PID Controller 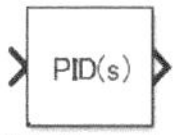	連続時間と離散時間の PID 制御アルゴリズムを実装する. アンチワインドアップや外部リセット, 信号のトラッキングなどの高度な機能を含む. [調整] ボタンを使用して自動的に PID ゲインを調整できる (ただし Simulink Control Design が必要).

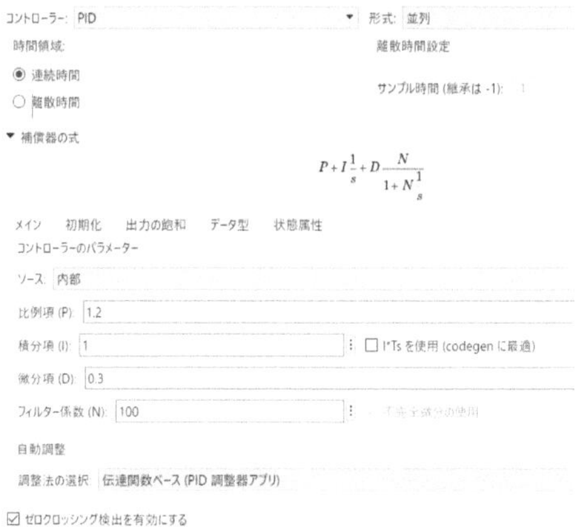

図 8.27　PID Controller のパラメーター設定

比例項(**P**),積分項(**I**), 微分項(**D**) をいろいろ変えて確認をします. 先ほどの解と同
様な結果が得られます.

もう 1 つ例 8.20 の別解を考えましょう. MATLAB コマンドウィンドウから
pidTuner を起動し, PID 調整器の設定を行います.

コマンド	実行結果

`>> num=[1];`
`>> den=[1 0.8 1];`
`>> sys=tf(num,den);`
`>> pidTuner(sys)`
	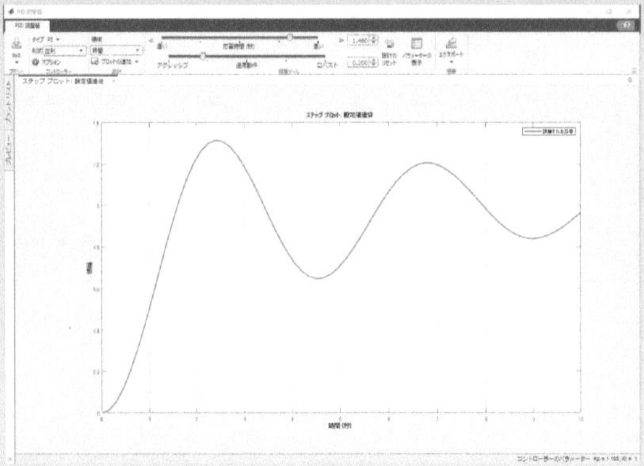

　PID調整器のタブを選択し，タイプ，形式，応答時間をいろいろ変えて応答特性を確認します.

　ツールバーより，パラメーターの表示をクリックしコントローラーのパラメーターを確認します（**図8.28**）. なお，ここで用いる pidTuner の書式は**表8.14**の通りです.

コントローラーのパラメーター

	調整
Kp	1.1985
Ki	1
Kd	n/a
Tf	n/a

性能とロバスト性

	調整
立ち上がり時間	1.06 秒
整定時間	20.6 秒
オーバーシュート	31.4 %
ピーク	1.31
ゲイン余裕	25.8 dB @ 4.92 rad/s
位相余裕	20 deg @ 1.37 rad/s
閉ループの安定性	安定

図 8.28　コントローラーのパラメーター表示

表 8.14 pidTuner の書式

書式	機能
pidTuner(sys)	pidTuner(sys) は並列型 PID Controller を設計する.
pidTuner(sys,type)	pidTuner(sys,type) は PID チューナー GUI を起動し, プラント sys のためのタイプ type のコントローラーを設計する. type:以下の文字列の 1 つとして指定される.

文字列	type	連続時間コントローラーの方程式 (並列形式)
'p'	比例のみ	K_p
'i'	積分のみ	$\dfrac{K_i}{s}$
'pi'	比例および積分	$K_p + \dfrac{K_i}{s}$
'pd'	比例および微分	$K_p + K_d s$
'pdf'	微分項に 1 次フィルターをもつ比例および微分	$K_p + \dfrac{K_d s}{T_f s + 1}$
'pid'	比例, 積分, および微分	$K_p + \dfrac{K_i}{s} + K_d s$
'pidf'	微分項に 1 次フィルターをもつ比例, 積分, および微分	$K_p + \dfrac{K_i}{s} + \dfrac{K_d s}{T_f s + 1}$

PID 制御の各パラメーターの値 (Kp, Ki, Kd) は, 制御対象とは独立に自由に与えることができ, 要求を満たす最適な値を求める必要があります. 実際にはシミュレーションを行ったり, 制御対象物に調整器をつないで, 何度も試してはやり直しをして最適化を得ています.

Appendix1　Simulink ブロックライブラリ構成

　Simulink のブロックは，個々のブロックの挙動に従っていくつかのブロックライブラリに分けられます．下記にブロックライブラリのアイコン，名前および概要を示します．

表 A.1　ブロックライブラリ

ブロック	概要	ブロック	概要
	Commonly Used Blocks よく用いられるブロック集.		Continuous 連続系ブロック.
	Discontinuities 不連続系ブロック.		Discrete 離散系ブロック.
	Logic and Bit Operations 論理演算およびビット処理ブロック.		Lookup Tables 検索ブロック.
	Math Operations 数学オペレーションブロック.		Model Verification モデル検証ブロック.
	Model-Wide Utilities モデルユーティリティブロック.		Ports and Subsystems 入出力ポートとサブシステムブロック.
	Signal Attributes 信号の属性ブロック.		Signal Routing 信号線処理ブロック.
	Sinks 信号の吸収ブロック.		Sources 信号の発生ブロック.
	Additional Math and Discrete 追加の数学演算と離散演算をサポートするブロック.		User-Defined Functions ユーザ定義用ブロック.

　Additional Math and Discrete ブロックライブラリにはサブのブロックライブラリが格納されています．

表 A.2　サブのブロックライブラリが格納されているもの

ブロックライブラリ	概要	ブロックライブラリ	概要
	Additional Discrete A.15.2 項参照.		Additional Math: Increment / Decrement A.15.1 項参照.

A.1 　Commonly Used Blocks ライブラリ―よく用いられるブロック集

Simulink モデルは，この Commonly Used Blocks ライブラリで賄うことができます．各ブロックはそれぞれのブロックライブラリを参照のこと.

表 A.3　Commonly Used Blocks ライブラリ

シンボル	ブロック名	シンボル	ブロック名	シンボル	ブロック名
	Bus Creator		Saturation		In1(Inport)
	Constant		Subsystem		Logical Operator
	Delay		Switch		Out1(Outport)
	Discrete-Time Integrator		Vector Concatenate		Relational Operator
	Ground		Bus Selector		Scope
	Integrator		Data Type Conversion		Sum
	Mux		Demux		Terminator
	Product		Gain		

A.2 　Continuous ライブラリ―連続系ブロック

表 A.4　Integrators

シンボル	ブロック名	概要
	Integrator	入力信号の積分.
	Integrator Limited	出力が飽和の上限値と下限値で制限される積分.
	Second-Order Integrator Limited	既定の設定で指定の上下限に基づいて状態を制限する2重積分.
	Second-Order Integrator	入力信号の2重積分.

表 A.5 Transfer Functions

シンボル	ブロック名	概要
$x' = Ax+Bu$ $y = Cx+Du$	State-Space	システムの連続状態の状態空間表示.
$\frac{1}{s+1}$	Transfer Fcn	システムの連続状態の伝達関数.
$\frac{(s+1)}{s(s+1)}$	Zero-Pole	システムの連続状態の伝達関数で,分子には零点,分母には極を用いた因数分解表記.

表 A.6 PID Controller

シンボル	ブロック名	概要
PID(s)	PID Controller	連続状態システムの PID コントローラー.
Ref PID(s)	PID Controller (2DOF)	連続時間と離散時間の2自由度の PID コントローラーのシミュレーション.

表 A.7 Delay

シンボル	ブロック名	概要
	Transport Delay	設定した時間分だけ入力の遅延.
	Variable Time Delay	可変時間分だけ入力を遅延.
	Variable Transport Delay	

表 A.8 Derivative

シンボル	ブロック名	概要
du/dt	Derivative	入力の時間微分.

A.3 Discontinuities ライブラリ―不連続系ブロック

表 A.9 Discontinuities

シンボル	ブロック名	概要
	Backlash	遊びのあるシステムのモデル化.

	Coulomb and Viscous Friction	零点での不連続性をもった線形ゲインのモデル.
	Dead Zone Dynamic	境界内の入力を0にするモデル.
	Dead Zone	零点での不連続性をもったモデル.
	Hit Crossing	クロッシングポイントを検出.
	Quantizer	指定サンプリングでの入力の離散化.
	Rate Limiter Dynamic	信号の上昇率, 降下率の制限をもつ.
	Rate Limiter	信号の変化率を制限.
	Relay	2つの定数間で出力を切り替える.
	Saturation Dynamic	上下制限を入力端子にもった信号の制限.
	Saturation	入力信号の範囲を制限.
	Wrap To Zero	入力が閾値よりも上の場合, 出力を0にするモデル.

A.4 　Discrete ライブラリ―離散系ブロック

表 A.10　Discrete-Time Linear Systems

シンボル	ブロック名	概要
$\frac{1}{z}$	Unit Delay	信号の1サンプリング周期の遅れ.
z^{-2}	Delay	固定または可変サンプリング周期による入力信号の遅延.
z^{-d}	Variable Integer Delay	可変サンプリング周期による入力信号の遅延.
z^{-1}	Resettable Delay	外部信号でリセットする可変サンプリング周期による入力信号の遅延.
Delays	Tapped Delay	スカラー信号の複数のサンプリング周期を遅らせ, 遅らせたすべての信号を出力.

シンボル	ブロック名	概要
$\frac{K\,Ts}{z\text{-}1}$	Discrete-Time Integrator	ゲインを指定する信号の離散時間積分.
$\frac{1}{z+0.5}$	Discrete Transfer Fcn	パルス伝達関数.
$\frac{1}{1+0.5z^{-1}}$	Discrete Filter	IIR フィルタ.
$\frac{(z\text{-}1)}{z(z\text{-}0.5)}$	Discrete Zero-Pole	零点, 極指定のパルス伝達関数.
$\frac{z\text{-}1}{z}$	Difference	交代差分ブロック.
$\frac{K\,(z\text{-}1)}{Ts\,z}$	Discrete Derivative	ゲイン指定の離散時間微分係数の出力.
x(n+1)=Ax(n)+Bu(n) y(n)=Cx(n)+Du(n)	Discrete State-Space	離散時間での状態方程式.
$\frac{0.05z}{z\text{-}0.95}$	Transfer Fcn First Order	離散時間 1 次伝達関数.
$\frac{z\text{-}0.75}{z}$	Transfer Fcn Real Zero	離散時間リード補償器またはラグ補償器.
PID(z)	Discrete PID Controller	離散 PID コントローラー.
Ref PID(z)	Discrete PID Controller (2DOF)	離散 PID コントローラー (2 自由度).
$\frac{0.5+0.5z^{-1}}{1}$	Discrete FIR Filter	離散 FIR フィルタ.

表 A.11　Sample and Hold Delay

シンボル	ブロック名	概要
Memory	前の時間ステップの入力の出力.
First-Order Hold	線形近似による連続信号変換.
Zero-Order Hold	1 サンプリング周期の 0 次ホールド.

A.5 ⊞ Logic and Bit Operations ライブラリ—論理演算およびビット処理ブロック

表 A.12 Logic Operator

シンボル	ブロック名	概要
[AND]	Logical Operator	論理演算.
[<=]	Relational Operator	比較演算.
[⊓]	Interval Test	指定した区間内に信号が存在するかどうかの判定.
[up u lo]	Interval Test Dynamic	外部信号による指定した区間内に信号が存在するかどうかの判定.
[⠿]	Combinatorial Logic	真理値表.
[<= 0]	Compare To Zero	0 との比較.
[<= 3]	Compare To Constant	定数値との比較.

表 A.13 Bit Operator

シンボル	ブロック名	概要
Set bit 0	Bit Set	整数の指定されたビットを 1 に設定.
Clear bit 0	Bit Clear	整数の指定されたビットを 0 に設定.
Bitwise AND 0xD9	Bitwise Operator	1 つまたは複数のオペランドに対して指定されたビット演算. ただし, シフト演算はサポート外.
Qy = Qu >> 8 Vy = Vu * 2^... Ey = Eu	Shift Arithmetic	入力信号のビットまたは 2 進小数点あるいはその両方をシフト.
Extract Bits Upper Half	Extract Bits	入力信号から選択された連続ビットの出力.

表 A.14 Edge Detection

シンボル	ブロック名	概要
U > U/z	Detect Increase	入力が前の値より厳密に大きいかどうかの判断. 入力信号が前の値より大きい場合には true を出力し, 入力信号が前の値以下の場合には false を出力する.

	Detect Decrease	入力が前の値より厳密に小さいかどうかの判断．入力信号が前の値より小さい場合には true を出力し，入力信号が前の値より大きいか等しい場合には false を出力する．
	Detect Change	入力が前の値と等しくないかどうかの判断．入力信号が前の値と等しくない場合には true を出力し，入力信号が前の値と等しい場合には false を出力する．
	Detect Rise Positive	入力が厳密に正であり，前の値が非正であったかどうかを判定．入力信号が 0 より大きく，前の値が 0 以下であった場合には true を出力し，入力信号が 0 以下の場合，または入力が正であり前の値も正である場合には false を出力する．
	Detect Rise Nonnegative	入力が 0 以上，前の値が 0 未満であったかどうかを判断．入力信号が 0 以上，前の値が 0 より小さい場合には true を出力し，入力信号が 0 より小さい，または入力信号が非負であり前の値も非負である場合には false を出力する．
	Detect Fall Negative	入力が 0 未満かつ前の値が 0 以上であったかどうかを判断．入力信号が 0 より小さく，前の値が 0 以上であった場合には true を出力し，入力信号が 0 以上または入力信号が負であり前の値も負であった場合には false を出力する．
	Detect Fall Nonnegative	入力が 0 以下であり，前の値が 0 以上であったかどうかを判断． 入力信号が 0 以下，前の値が 0 より大きい場合には true を出力し，入力信号が 0 より大きい，または入力信号が非正であり前の値も非正である場合には false を出力する．

A.6 ▢ Lookup Tables ライブラリ―検索ブロック

表 A.15 Lookup Tables

シンボル	ブロック名	概要
	1-D Lookup Table	1 個の変数で関数のサンプル値表現を評価．
	2-D Lookup Table	2 個の変数で関数のサンプル値表現を評価．
	n-D Lookup Table	N 個の変数で関数のサンプル値表現を評価．

シンボル		概要
	Prelookup	Interpolation Using Prelookup ブロックのためのインデックスと分割を計算.
	Interpolation Using Prelookup	あらかじめ計算されたインデックスと小数部の値を使用して n 次元関数の近似. Prelookup ブロックと併用.
	Direct Lookup Table (*n*-D)	n 要素, 列, または2次元行列を検索するための N 次元テーブルのインデックス付け.
	Lockup Table Dynamic	動的テーブルを使用した1次元関数の近似.
	Sine	4分の1波長対称を利用するルックアップテーブル法を使用して固定小数点の正弦波または余弦波を近似.
	Cosine	

A.7　Math Operations ライブラリ—数学オペレーションブロック

表 A.16　Math Operations

シンボル	ブロック名	概要
	Sum, Add, Subtract, Sum of Elements	入力端子間の加減算の計算.
	Bias	入力値にバイアス値を付加.
	Weighted Sample Time Math	重み付きサンプル時間 Ts による入力信号の四則演算を計算.
	Gain	入力値の定数倍計算.
	Slider Gain	スライダーを使ってスカラーゲインを動的に変更.
	Product	スカラー, 非スカラーの乗算と除算, あるいは行列の乗算と逆行列.

	ブロック名	概要
	Divide	第1入力を第2入力で除算した値を出力.
	Product of Elements	1つのスカラー入力のコピーまたは逆数, あるいは1つの非スカラー入力をベクトルやスカラーに変換.
	Dot Product	入力の内積を計算.
	Sign	入力の符号を出力. プラスのとき1, 0のとき0, マイナスのとき −1.
	Abs	入力の絶対値の出力.
	Unary Minus	入力の符号反転.
	Math Function	数学関数の計算.
	Rounding Function	信号に対して丸め関数を適用.
	Polynomial	入力値に対する多項式係数の計算.
	MinMax	最小値/最大値の出力.
	MinMax Running Resettable	過去のすべての入力の最小値または最大値を出力.
	Trigonometric Function	入力の三角関数の計算.
	Sine Wave Function	時間のソースとして外部信号を使用して正弦波を計算.
	Algebraic Constraint	入力信号を0 (ゼロ) に制限して代数状態を出力.
	Sqrt, Signed Sqrt, Reciprocal Sqrt	平方根の計算.

表 A.17 Vector / Matrix Operators

シンボル	ブロック名	概要
	Assignment	指定された信号要素に値を代入.
	Find Nonzero Elements	配列内の非0要素を検索.

シンボル	ブロック名	概要
	Matrix Concatenate, Vector Concatenate	同じデータ型をもつ入力信号を連結して連続した出力信号を作成.
	Permute Dimensions	[順番] パラメーターで指定する順序になるように, 入力信号の要素を並べ替える.
	Reshape	入力信号の次元をブロックの [出力次元] パラメーターを使って指定した次元に変更.
	Squeeze	多次元入力信号から大きさが 1 の次元 (サイズが 1 である任意の次元) を削除.

表 A.18　Complex Vector Conversions

シンボル	ブロック名	概要
	Complex to Magnitude-Angle	複素信号のゲインと位相角度の計算.
	Magnitude-Angle to Complex	ゲインと位相角度から複素信号の生成.
	Complex to Real-Imag	複素信号の実数部と虚数部を分離.
	Real-Imag to Complex	実数部と虚数部から複素信号の生成.

A.8　Model Verification ライブラリ―モデル検証ブロック

表 A.19　Model Verification

シンボル	ブロック名	概要
	Check Static Lower Bound	入力信号の各要素が現在のタイムステップで指定された下限より大きい (または等しい) かどうかをチェック.
	Check Static Upper Bound	入力信号の各要素が現在のタイムステップで指定された上限より小さい (または等しい) かどうかをチェック.
	Check Static Range	入力信号の各要素が各タイムステップで同じ振幅範囲内にあるかどうかをチェック.
	Check Static Gap	入力信号の各要素が現在のタイムステップの静的下限より小さい (または等しい) か, 静的上限より大きい (または等しい) かどうかをチェック.

	Check Dynamic Lower Bound	基準信号の振幅が現在のタイムステップのテスト信号の振幅より小さいかどうかをチェック. テスト信号は入力(sig) 信号.
	Check Dynamic Upper Bound	基準信号の振幅が現在のタイムステップのテスト信号の振幅より大きいかどうかをチェック. テスト信号は入力(sig) 信号.
	Check Dynamic Range	テスト信号が各タイムステップでの振幅の範囲内にあるかどうかをチェック. テスト信号は入力(sig) 信号.
	Check Dynamic Gap	幅の変化のギャップが信号の振幅の範囲内であるかどうかをチェック. テスト信号は入力(sig) 信号.
	Assertion	信号が 0 かどうかのチェック.
	Check Discrete Gradient	入力の各信号要素をチェックして連続した要素サンプル間の差の絶対値が上限未満であるかどうかを調べる.
	Check Input Resolution	入力信号が指定されたスカラーまたはベクトル分解能をもつかどうかをチェック.

A.9 [Misc] Model-Wide Utilities ライブラリ—モデルユーティリティブロック

表 A.20 Linearization of Running Models

シンボル	ブロック名	概要
	Trigger-Based Linearization	トリガーされるとこのブロックは linmod 関数または dlinmod 関数を呼び出し, 現在の操作点でシステムの線形モデルを構築.
T=1	Timed-Based Linearization	シミュレーションクロックが [線形化の時間] パラメーターで指定された時間に達すると, linmod 関数または dlinmod 関数を呼び出してシステムの線形モデルを生成.

表 A.21 Documentation

シンボル	ブロック名	概要
Model Info	Model Info	モデルプロパティとモデルに関するテキストをブロックのマスクに表示.

	DocBlock	モデルを記述するテキストを作成してモデルとともにテキストを保存.

表 A.22　Modeling Guides

シンボル	ブロック名	概要
Block Support Table	Block Support Table	Simulink ブロックがサポートするデータ型の表示.

A.10　Ports and Subsystems ライブラリ—入出力ポートとサブシステムブロック

表 A.23　Ports and Subsystems

シンボル	ブロック名	概要
	In1(Inport), Out1(Outport)	Simulink モデル外部からの信号の入出力. 最上位システム（Simulink モデルウィンドウ）ではワークスペースと接続される.
	Trigger	外部信号によってその実行を制御する.
	Enable	イネーブルをシステムに追加. 追加したシステムは Enable System になる.
	Function-Call Generator	指定された時間間隔で指定された回数だけ Function-Call Subsystem を実行.
	Function-Call Split	1つの関数呼び出し信号を分岐し，複数の Function-Call Subsystem とモデルに接続.
	Function-Call Feedback Latch	関数呼び出しブロック間でデータ信号を含んでいるフィードバックループを抜け出す.
	Subsystem, Atomic Subsystem, Code Reuse Subsystem	Simulink モデルの部品化. 部品化することにより，Simulink モデルを階層化することが可能.
	Model	モデルをブロック（参照モデル）として別のモデルに含める. 参照モデルは独立して開発可能.

	Function-Call Subsystem	シミュレーション時に別のブロックが直接呼び出せるサブシステム．手続きプログラミング言語の関数のようなブロック．
	Configurable Subsystem	ユーザ指定のブロックライブラリから選択されたブロックの表示．
	Variant Subsystem	サブシステムに対して複数の実装を行い，シミュレーション時には1つの実装のみをアクティブにする．
	For Each Subsystem	入力信号の各要素またはサブ配列に対してモデルを反復的に実行し，結果を連結する．
	For Iterator Subsystem	シミュレーションタイムステップ中に繰り返して実行するサブシステム．
	While Iterator Subsystem	シミュレーションのタイムステップの間に、条件が満たされている限り繰り返し実行するサブシステム．
	Triggered Subsystem, Enabled Subsystem, Enabled and Triggered Subsystem	Trigger，Enable あるいは両方を含んだサブシステム．
	If, If Action Subsystem	入力値の判定と判定に応じたサブシステム．
	Switch Case, Switch Case Action Subsystem	入力値に応じた条件判定とその判定に応じたサブシステム．

A.11 Signal Attributes ライブラリ—信号の属性ブロック

表 A.24 Signal Attributes

シンボル	ブロック名	概要
Convert	Data Type Conversion	入力信号を指定されたデータ型へ変換.
Same DT	Data Type Duplicate	すべての入力を強制的に同じデータ型に変換.
Ref1 Ref2 Prop	Data Type Propagation	基準信号の情報に基づく伝播信号のデータ型とスケーリングの設定.
Scaling Strip	Data Type Scaling Strip	固定小数点信号からスケーリングをストリップ.
u Convert y	Data Type Conversion Inherited	継承したデータ型とスケーリングを使用して，データ型を別のデータ型へ変換.
[1]	IC	信号の初期値を設定.
	Signal Conversion	信号の値を変えることなく信号を新しいタイプの信号に変換.
	Rate Transition	異なるレートで動作しているブロック間のデータの伝達を処理.
inherit	Signal Specification	ブロックの入出力端子に接続された信号の属性を指定.
	Bus to Vector	バーチャルバスをベクトルに変換.
W:0, Ts[-1, 0], C:0, D:[0], F:0	Probe	ブロックの入力の信号に関して選択した情報を出力.
Ts	Weighted Sample Time	Weighted Sample Time Math と同じ.
0	Width	入力ベクトルの幅を出力.

A.12 🔲 Signal Routing ライブラリ—信号線処理ブロック

表 A.25 Signal Routing

シンボル	ブロック名	概要
	Bus Creator	信号を組み合わせてバスに変換.
	Bus Selector	入力のバス要素から指定したサブセットを出力.
	Bus Assignment	指定したバス要素を置き換え.
	Vector Concatenate	入力信号を連結し出力信号を生成.
	Mux	入力信号をベクトルに変換. バーチャルブロック.
	Demux	ベクトル信号の出力要素の抽出. バーチャルブロック.
	Selector	入力ベクトル, 行列, 多次元信号の選択または並べ替えられた要素を出力.
	Index Vector	Multiport Switch ブロックと同じ.
	Merge	入力を任意時間における値が直前に計算された駆動側ブロックの出力に等しい単一の出力ラインに結合.
	Environment Controller	シミュレーション, またはコード生成のみに適用される分岐をブロック線図に作成.
	Manual Switch	シミュレーションを開始する前にスイッチを設定するか, シミュレーションの実行中にスイッチを変更.
	Multiport Switch	複数のブロック入力のいずれか1つを選択. 最初の入力は「制御入力」.
	Switch	2番目の入力の値に応じて, 最初の入力と3番目の入力の出力を切り替え.
	Goto, From	信号のジャンプとジャンプした信号の受付.
	Goto Tag Visibility	Goto ブロックタグの範囲を定義.

表 A.26　Signal Storage and Access

シンボル	ブロック名	概要
	Data Store Read	データストアからデータの読み込み.
	Data Store Memory	データストアの定義.
	Data Store Write	データストアへデータの書き込み.

A.13 　Sinks ライブラリ—信号の吸収ブロック

表 A.27　Model and Subsystem Outputs

シンボル	ブロック名	概要
	Terminator	未接続端子の終端 (信号の吸収).
	To File	信号を Mat ファイルへ出力.
	To Workspace	信号をワークスペースへ出力.

表 A.28　Data Viewers

シンボル	ブロック名	概要
	Scope, Floating Scope	Figure ウィンドウに信号のグラフ化.
	XY Graph	Figure ウィンドウに信号の X-Y プロットを表示.
	Display	信号値の表示.

表 A.29　Simulation Control

シンボル	ブロック名	概要
	Stop Simulation	シミュレーションの停止.

A.14 ❋ Sources ライブラリ—信号の発生ブロック

表 A.30 Model and Subsystem Inputs

シンボル	ブロック名	概要
	Ground	未接続の入力端子を接地.
untitled.mat	From File	信号を Mat ファイルから入力.
simin	From Workspace	信号をワークスペースから入力.

表 A.31 Signal Generator

シンボル	ブロック名	概要
1	Constant	定数値の出力.
SIDemoSign.Positive	Enumerated Constant	列挙型の定数値の生成.
Group 1 Signal 1	Signal Builder	波形が区分的線形である交換可能な信号のグループを作成および生成.
	Ramp	指定したレートで変化する信号を生成.
	Step	ステップ関数を生成.
	Sine Wave	正弦波を生成.
	Signal Generator	4 つの異なる波形 (正弦波, 矩形波, ノコギリ波, ランダム波) の 1 つを生成.
	Chirp Signal	周波数が増加する正弦波の生成.
	Random Number	正規分布された乱数の生成.
	Uniform Random Number	一様分布する乱数を生成.
	Band-Limited White Noise	連続システム用のホワイトノイズの生成.
	Pulse Generator	パルス信号の生成.
	Repeating Sequence	ノコギリ波の生成.

	Repeating Sequence Interpolated	［時間値］と［出力値］パラメーターを使用して指定した波形をもつ規則的なスカラー信号を出力.
Clock	Clock	シミュレーションタイムの出力.
12:34	Digital Clock	指定されたサンプリング間隔でシミュレーションタイムを出力.
	Counter Free-Running	カウントアップし指定ビット数の最大値に到達した後にオーバーフローして0に戻る.
	Counter Limited	カウントアップして指定された上限を出力した後，0に戻す.

A.15 Additional Math and Discrete ライブラリ—追加の数学演算と離散演算をサポートするブロック

A.15.1 Additional Math: Increment / Decrement

表 A.32 Additional Math: Increment / Decrement

シンボル	ブロック名	概要
V++ V−	Increment Real World, Decrement Real World	信号の実際値を1だけ増加（Increment）するブロックと減算（Decrement）するブロック.
Q++ Q−	Increment Stored Integer, Decrement Stored Integer	信号の格納された整数値を1だけ増加（Increment）するブロックと減算（Decrement）するブロック.
max(V−, 0)	Decrement To Zero	信号の実際値から0になるまで減算.
max(V−Ts, 0)	Decrement Time To Zero	信号の実際値からサンプル時間を0になるまで減算.

A.15.2 Additional Discrete

表 A.33　Additional Discrete

シンボル	ブロック名	概要
0.2+0.3z⁻¹+0.2z⁻² / 1-0.9z⁻¹+0.6z⁻²	Transfer Fcn Direct Form Ⅱ	[分子係数] および [先頭を除く分母係数] パラメーターにより指定された伝達関数の Direct Form II の実現を実装.
u / Num Direct / Den No Lead Form II y	Transfer Fcn Direct Form Ⅱ Time Varying	伝達関数の時変 Direct Form II の具現化を実現.
y(n)=Cx(n)+Du(n) / x(n+1)=Ax(n)+Bu(n)	Fixed-Point State-Space	Discrete State-Space と同じ.

A.16 User-Defined Function—ユーザ定義関数などのブロック群

Simulink モデルは単にブロックの集合体だけでなくユーザ定義の関数・モデルを開発中の Simulink モデルに組み込むことができます. これにより, 柔軟で可読性の高いモデルを構築することができます.

表 A.34　User-Defined Function Block ライブラリ

シンボル	ブロック名	概要
<FunctionName>	C Caller	外部 C コードをモデルに統合.
C	C Function	外部 C/C++ コードをモデルに統合.
caller / u f() y	Function Caller	モデルから Simulink(Stateflow) 関数を呼び出す.
(!) initialize	Initialize Function	モデルの初期化イベントで実行される Subsystem.
matlabfile	Level-2 MATLAB S-Function	レベル 2 での S-Function をモデルに統合.
fcn	MATLAB Function	モデルに関数 M-ファイルを統合.
System	MATLAB System	モデルに MATLAB コードを統合.
(!) reinit	Reinitialize Function	モデルの再初期化イベント用 Subsystem.

	Reset Function	モデルのリセットイベントに実行される Subsystem.
	S-Function	レベル 1/2S-Function をモデルに統合.
	S-Function Builder	C/C++ による S−Function をモデルに統合.
	S-Function Examples	C/C++ S-Function, Fortran S-Function など を含むプログラム例.
	Simulink Function	一連の入力が与えられた場合に一連の出力を 計算する計算単位.
	Terminate Function	モデルの終了イベントに実行する Subsystem.

A.17 Dashboard ライブラリ

シミュレーションモデルを直感的に設定・表示を行うブロック群です. 既存の Simulink ブロックのような, 信号の入出力関係を制御するものとは異なり, 信号線・ ブロックとのリンクを行うことによりシミュレーション状態を制御します. このライ ブラリの配下に以下のサブライブラリがあります.

表 A.35 Dashboard ライブラリ群

サブライブラリ	概要
Automotive Indicator Lamps	自動車関連表示機ライブラリ.
Basic Shape Icons	基本的なランプ形状ブロック.
Customizable Blocks	グラフィカルな形状ブロック.
Wireless Icons	ワイヤレス通信アイコン.

Dashboard ライブラリ -Half Gauge ブロックの使い方

1 シミュレーションモデルの作成

モデル名：**GaugeTest.slx**（陽和振動系モデル）

通常通りの Simulink モデルを作成する. 今回は Scope ブロックを付属する.

Pulse Generator ブロックの出力信号線名を **DrivePulse**, Transfer Fcn ブロック の出力信号名を **response** とする.

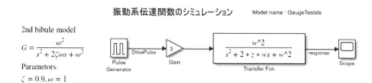

この Simulink モデル内の Pulse Generator ブロックの設定はデフォルトのまま．
Gain ブロックのゲインを 3．またコンフィギュレーションパラメータは
最大ステップサイズ：1e-3
終了時間：20
とする．

2 Half Gauge ブロックの配置

Dashboard ライブラリの Half Gauge ブロックを Simulink スケッチの適当な位置
に配置．ただし，一度配置すると後からの移動ができないので注意．

このとき，Simulink タブに「ゲージ」タブが追加される（配置した Dashboard ブ
ロックのフォーカスが外れると「ゲージ」タブが非表示になるので注意）．

3 表示する信号のリンク

配置した Half Gauge ブロックをダブルクリックし**図 A.2** のようなブロックパラ
メータダイアログボックスを表示．

図 A.1　クリックして接続状態をオンに設定

図 A.2　Half Gauge ブロックのブロックパラメータ

「ゲージ」タブ「接続の変更」アイコン  から でもリンクを設定可能. ある
いは Half Gauge ブロックを選択したときに表示されるショートカットメニュー

から でも設定可能.

Simulink モデルで表示したい信号線を選択. これによりブロックパラメータの上
部の接続状態を表示する欄に信号名(ここでは **response**)が表示される.

4　表示範囲を適切な範囲に設定

デフォルトの表示範囲が最小値 0, 最大値 100 になっている. 表示範囲を設定する
場合, ブロックパラメータから設定する. ここでは表示の最小値を 0, 最大値を 1 に
設定.

接続の設定が出来たらブロックパラメータの「適応」または「OK」をクリックす
る. これにより Half Gauge ブロックと信号線がリンクされたことになる. リンク状
態になると**図 A.3** のように表示する信号線の名前が Half Gauge ブロックの上に表示
される.

response

0.4　0.6
0.2　　　0.8
0　　　　1

Half Gauge

図 A.3　リンク後の Half Gauge ブロック

5   Slider ブロックの配置

Half Gauge ブロックと同じように Dashboard ライブラリの Slider ブロック
を Simulink スケッチの適当な位置に配置. このブロックも Half Gauge ブロックと同様に，配置後の移動は出来ないので注意. このブロックも配置後，Simulink タブに「スライダー」タブが表示される. Slider ブロックは実行しながらでもブロックの値を調整することができる.

6   調整レンジの設定

Slider ブロックの設定はデフォルトで最小値が 0，最大値が 100 になっている. この調整レンジの設定はブロックパラメータから行う. Slider ブロックをダブルクリックし図 A.4 のようなブロックパラメータで，最大値を 10 に設定.

図 A.4   Slider ブロックのブロックパラメータ

7   調整するブロックへのリンク

今回はスライダーによりパラメータを調整するので，Gain ブロックとリンクさせる. 配置した Slider ブロックを選択し，ショートカットメニューの「接続」を選択.

図 A.5 のように Gain ブロックを選択後，「接続」リストの中の Gain:Gain を選択.

Simulink スケッチの右上にある閉じるボタン **❌** で「接続」リストを閉じる.

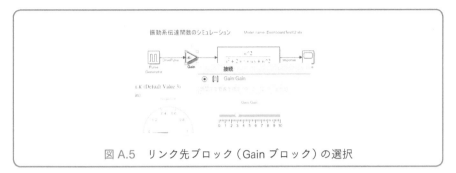

図 A.5　リンク先ブロック（Gain ブロック）の選択

8　シミュレーション

全体の Simulink モデルを**図 A.6** に示す. また Slider ブロックでゲインを 4 とした時の実行結果を示す.

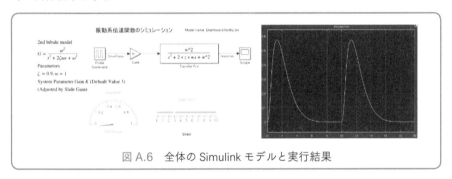

図 A.6　全体の Simulink モデルと実行結果

Appendix2 List 一覧

章	ページ	List 番号	List 名	説明
2	47	List2.1	dataimport.m	スプレッドシートからデータをインポート.
2	57	List2.2	import_graph.m	Excel データのインポートとグラフ作成.
3	82	List3.1	Grh_deco.m	グラフの装飾.
3	84	List3.2	prop_deco.m	Figure オブジェクトのプロパティによる装飾.
3	86	List3.3	rocket.m	3D プロットによる3次元描画.
3	89	List3.4	electDipole.m	静電ポテンシャル (電位) の計算とグラフ作成.
3	91	List3.5	squareWave.m	sin 波形による方形波と数式の描画.
4	98	List4.1	calCircle.m	半径を引数にして円の面積を計算.
4	100	List4.2	solvMatrix.m	ユーザ定義関数を用いた行列方程式の計算の改良.
4	103	List4.3	myHorner.m	ホーナー法による関数値の計算.
4	106	List4.4	solvJacobi.m	ヤコビ法による解の計算.
4	109	List4.5	solvGasSei.m	ガウス-ザイデル法による解の計算.
4	111	List4.6	solvIteration.m	連立1次方程式の解の計算 (ヤコビ法, ガウス-ザイデル法の切り替えの実行).
4	116	List4.7	solvSOR.m	SOR 法による解の計算.
4	121	List4.8	solvSORerr.m	SOR 法を用いた緩和係数の判定とエラーメッセージの表示.
4	125	List4.9	bisec.m	挟みうち法を用いた多項式の解の計算.
4	129	List4.10	func_hand1.m	関数ハンドルで指定された関数値のグラフを表示.
5	138	List5.1	diffb.m	後退差分を用いた1階数値微分.
5	139	List5.2	gradient1.m	1次元の勾配を計算.
5	142	List5.3	areaInt.m	長方形近似 (オイラー法) による数値積分.
5	149	List5.4	rom_int.m	ロンバーグ積分を用いた積分値の計算.
6	161	List6.1	firstOde.m	微分方程式 $\dot{y} = 1$ の解曲線の計算.
6	162	List6.2	ode_test.m	ソルバーから渡される引数の次元確認.
6	168	List6.3	vspring1.m	バネにおもりを付けたモデルの変位と速度の計算.
6	169	List6.4	vspring2.m	単振動の計算.
6	173	List6.5	FreeOscil.m	自由単振動系モデルの解曲線の計算.
6	174	List6.6	FreeOscil_Displace_Test01.m	自由振動系の減衰率を可変にした各解曲線の計算.
7	201	List7.1	amplitude 関数	単一振り子モデルで使用する「FreeAmplitude」ブロックの関数.

索　引

著者紹介

あおやま たかのぶ
青山 貴伸 博士（工学）
1985 年　埼玉工業大学工学部卒業
2013 年　三重大学大学院工学研究科博士課程修了
現　在　Smart Implement, Inc. 人材教育事業準備室室長，MBD Evangelist

くらもと かずみね
蔵本 一峰
1984 年　職業訓練大学校電気科卒業
現　在　九州職業能力開発大学校　特任職業能力開発教授

もりぐち はじめ
森口 肇 博士（工学）
1996 年　職業能力開発大学校電子工学科卒業
1998 年　職業能力開発大学校研究課程工学研究科修了
2020 年　東京農工大学大学院工学府博士後期課程修了
現　在　職業能力開発総合大学校　助教

NDC410　　287p　　21cm

さいしん　つか　　マットラブ　だい　はん
最新 使える！ MATLAB 第3版

2023 年 5 月 30 日　第 1 刷発行

あおやまたかのぶ　くらもとかずみね　もりぐちはじめ
著　者　**青山貴伸・蔵本一峰・森口肇**
発行者　**髙橋明男**
発行所　**株式会社　講談社**
　　　　〒112–8001　東京都文京区音羽 2-12-21
　　　　　　販売　(03) 5395–4415
　　　　　　業務　(03) 5395–3615

KODANSHA

編　集　**株式会社　講談社サイエンティフィク**
　　　　代表　堀越俊一
　　　　〒162–0825　東京都新宿区神楽坂 2-14　ノービィビル
　　　　　　編集　(03) 3235–3701

本文データ制作　**株式会社エヌ・オフィス**
印刷・製本　**株式会社ＫＰＳプロダクツ**